集中隔离医学观察点
工程总承包管理与快速建造技术
——北京金盏集中隔离医学观察点工程实践

北京城建集团有限责任公司 编著

中国建筑工业出版社

图书在版编目（CIP）数据

集中隔离医学观察点工程总承包管理与快速建造技术：
北京金盏集中隔离医学观察点工程实践 / 北京城建集团
有限责任公司编著 . —北京：中国建筑工业出版社，
2023.10
ISBN 978-7-112-28726-0

Ⅰ.①集⋯　Ⅱ.①北⋯　Ⅲ.①传染病—隔离（防疫）—
医院—建筑工程—北京 Ⅳ.① TU246.9

中国国家版本馆 CIP 数据核字（2023）第 085839 号

北京金盏集中隔离医学观察点项目（4015 床）是北京城建集团有限责任公司在总结大型集中隔离医学观察点项目规划设计和快速建造经验的基础上，汲取运营单位关于建成隔离医学观察点的运营意见规划、建设而成的新一代隔离医学观察点项目，基于项目具有工期紧张、建设量大、建设标准高、建设难度大的特点，项目从管理、设计及实施方面做出多项针对措施及创新理念，从而达到适用美观、快速建造的目的。本书主要内容包括：工程概况、工程特点及创新、工程总承包管理、土建工程设计及施工技术、机电工程设计及施工技术、效果类工程设计及施工技术、BIM 技术的应用、箱式房及整体卫浴产品、工程维保、思考与建议。

责任编辑：曹丹丹　张伯熙
责任校对：张　颖
校对整理：赵　菲

集中隔离医学观察点工程总承包管理与快速建造技术
——北京金盏集中隔离医学观察点工程实践
北京城建集团有限责任公司　编著
＊
中国建筑工业出版社出版、发行（北京海淀三里河路 9 号）
各地新华书店、建筑书店经销
北京雅盈中佳图文设计公司制版
北京富诚彩色印刷有限公司印刷
＊
开本：787 毫米 ×1092 毫米　1/16　印张：15　插页：6　字数：323 千字
2023 年 5 月第一版　2023 年 5 月第一次印刷
定价：**158.00** 元
ISBN 978-7-112-28726-0
（41175）

本书编委会

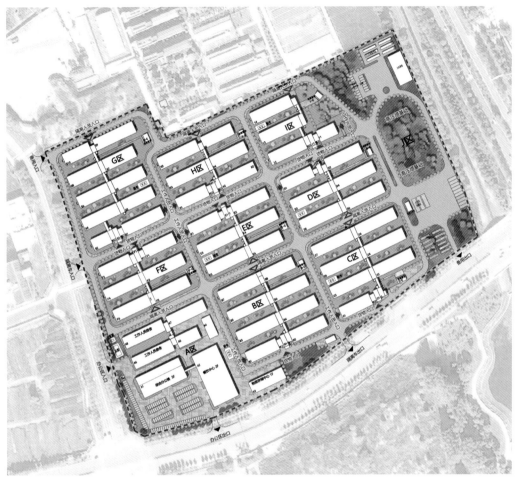

项目总平面图

项目东南方向鸟瞰效果图

项目东南方向鸟瞰

项目西南方向鸟瞰

项目西向主入口

项目隔离用房室外景观

项目隔离用房室内 1

项目隔离用房室内 2

项目综合办公区

项目综合办公区大会议室

项目综合指挥中心会议室

项目综合办公区室内

前　言

在党中央的坚强领导下，首都坚持人民至上、生命至上，坚持外防输入、内防反弹，统筹新冠肺炎疫情防控和经济社会发展，有力应对了多轮疫情冲击，最大程度保护了人民生命安全和身体健康。

作为首都国企，北京城建集团有限责任公司（以下简称"北京城建集团"）按照北京市委市政府和市国有资产监督管理委员会统一部署，严格落实"四方责任"，积极发挥集团建筑业与服务业双重优势，助力首都疫情防控总体战阻击战，承担了多项方舱医院、应急隔离项目的建设和运维保障任务，在首都疫情防控大战"大考"中，提升了科学战疫的本领，淬炼了抗击疫情的城建力量。

2022年4月，新冠肺炎疫情扰动京城。为适应严峻复杂的疫情防控形势，北京市紧急发布《推进集中隔离设施储备建设工作方案的通知》，要求强化隔离设施储备和调配，加快推进大型集中隔离设施项目建设。朝阳区作为首都有担当的首善之区，因时因势调整防控举措，立即决定建设金盏集中隔离医学观察点项目。北京城建集团凭借丰富的应急项目管理经验，成为该项目施工的总承包单位，负责EPC一体化工作。

在朝阳区委区政府各级领导的大力指导下，在朝阳区住房城乡建设委和北京市朝阳区保障性住房发展有限公司的倾力协调下，北京城建集团结合项目体量大、标准高、难度大、工期紧的特点，按照"满足防疫、平疫转换、造价控制、快速建造"原则，动员集团10多家成员企业参与项目建设，精心设计、精心施工，仅用20天的时间，就建成了一个集绿色、安全、智能于一体的便利化、人性化的新型集中隔离医学观察点项目，顺利地完成了朝阳区交办的任务。

该项目投入使用后，得到了社会各界的一致好评，被评价为北京市大型集中隔离医学观察点中"防疫理念最先进、运营效率最高、利用效率最高"的工程，对维护首都发展和安全大局起到了积极示范作用。

为反映首都建筑企业技术创新和综合管理能力，本书以金盏集中隔离医学观察点项目为例，从政府代建、规划设计、物资采购、施工总承包管理、快速建造等方面进行了系统性总结，旨在全过程反映 EPC 建设模式在应急工程建设中的优势，给行业内后续同类项目建设提供借鉴和参考。

本书在编写过程中还得到了政府各级领导、行业监管部门、业内专家和建筑企业管理人员的专业指导，并采纳了许多有建设性的意见和建议。在此一并表示感谢！

受水平限制，书中未免有不妥不当之处，敬请业内人士批评指正。

目 录

**第5章
机电工程设计及施工技术**

**第6章
效果类工程
设计及施工
技术**

第 1 章
工程概况

中华人民共和国成立以来，新冠肺炎疫情是在我国发生的传播速度快、感染范围广、防控难度大的一次重大突发公共卫生事件，也是近年来全球遇到的一次规模较大的传染病疫情，对全球人民的生命、生活秩序造成了重大威胁。病毒传播至上百个国家和地区，给人们的健康带来重大危害，阻止疫情蔓延是全球的共同目标。疫情暴发后，我国在很短的时间内基本遏制了疫情的蔓延势头，疫情防控形势向积极方向发展，向国际社会充分展示了中国力量、中国速度和中国效率。

疫情持续三年，党中央、国务院果断决策、科学部署，采取一系列有力措施，一次又一次阻断了新冠病毒在我国的广泛传播，保障了人民的生命安全和生活秩序。

快速建造大型集中隔离医学观察点是我国此次公共卫生医疗防控的一个重大创举，包含鲜明的中国特色和中国智慧。隔离医学观察点的快速建造和使用，及时收纳了风险人员，避免了社会面感染扩散的风险，大大加快了医护人员的工作效率，节约了医疗资源，是疫情防控工作的重中之重。针对大型集中隔离医学观察点的规划设计和快速建造技术进行系统性的研究，对于总结吸收三年疫情防控经验、保障后疫情时代的公共安全有着重要意义。

1.1　工程背景

1.1.1　大型集中隔离医学观察点定义

医学隔离观察临时设施，是指按相关规定要求具备人员隔离和医学观察条件的临时性建筑及其配套设施。

医学隔离观察临时设施设计，应做到环境安全、结构安全、消防安全、质量可靠和经济合理，为隔离人员提供实用、方便的生活居住环境，为工作人员提供安全、便捷的工作环境。

医学隔离观察临时设施，应结合当地资源情况和疫情防控工作的实际需要进行建设，在现有医学隔离观察设施不能满足应急防疫需要时，应经当地联防联控机制研究，确定建设需要和建设方案。

为落实新冠肺炎疫情常态化防控工作要求，指导地方不断提升应对重大突发公共卫生事件的能力，结合实际做好医学隔离观察临时设施的建设，国家卫生健康委会同住房和城乡建设部编制印发了《医学隔离观察临时设施设计导则（试行）》（以下简称《导则》），《导则》适用于新建医学隔离观察临时设施的设计工作，明确了相关设施的建设原则，规范了建筑选址、功能布局、结构、给水排水、暖通空调、电气智能化等多方面的设计要求和技术参数。各地可结合防疫工作和实际需要参考执行。确保相关设施和设备建设规范、功能完善、经济合理、绿色安全。

医学隔离设施包括宾馆酒店、培训及养老机构、保障性住房、健康驿站等类型。其中，集中隔离点因其可实现集中、大量、快速建造，成为今后医学隔离观察设施建造的主要类型。目前建设的项目多为考虑快速建造，满足疫情应急所需，对后续如何完成平疫转换，实现疫情常态化新形势下应急项目经济效益最大化，是后续项目的最大课题。

根据目前各地的建设经验，大型集中隔离医学观察点是指能够满足环境安全、结构安全、消防安全、质量可靠和经济合理等各项要求，建立在城市郊区的大型集中医学隔离观察临时设施。其规模可覆盖 1000~5000 个独立空间。

1.1.2　大型集中隔离医学观察点建设情况

国务院联防联控机制综合组已经提出了相关能力建设要求，要加强方舱医院建设，以地市为单位，加强隔离医学观察点建设，推广用于风险人员隔离的健康驿站（大型集中隔离医学观察点）等做法，升级优化核酸检测信息系统，确保疫情发生后迅速扩充到位。

新冠病毒不断变异，存在传染性强、隐蔽性强的特点，对疫情防控资源的需求快速增加。为缓解隔离场所供应与需求之间的矛盾，多地选择建设集中隔离医学观察点用于风险人员的隔离，达到疫情防控的目标（图 1.1-1）。

截至目前，广西、福建、河北、浙江、山西、云南、四川、辽宁、安徽等省均建成大量大型集中隔离医学观察点。其中，大部分城市，尤其是口岸城市建设的大型集中隔离医学观察点，主要用于满足入境人员的隔离要求。此外，也有部分城市的大型集中隔离医学观察点是基于应急需求，在疫情暴发时隔离风险人员（图 1.1-2）。

图 1.1-1　已建成的隔离医学观察点项目

图 1.1-2　已建成的隔离医学观察点项目

1.1.3 大型集中隔离医学观察点的建设意义

《中华人民共和国国民经济和社会发展第十四个五年规划和 2035 年远景目标纲要》中提出：全面推进健康中国建设，把保障人民健康放在优先发展的战略位置，坚持预防为主的方针，深入实施健康中国行动，完善国民健康促进政策，织牢国家公共卫生防护网，为人民提供全方位全生命期健康服务。改革疾病预防控制体系，强化监测预警、风险评估、流行病学调查、检验检测、应急处置等职能。建立稳定的公共卫生事业投入机制，改善疾控基础条件，强化基层公共卫生体系。落实医疗机构公共卫生责任，创新医防协同机制。完善突发公共卫生事件监测预警处置机制，加强实验室检测网络建设，健全医疗救治，科技支撑、物资保障体系，提高应对突发公共卫生事件能力。建立分级、分层、分流的传染病救治网络，建立健全统一的国家公共卫生应急物资储备体系，大型公共建筑预设平疫结合改造接口。筑牢口岸防疫防线。加强公共卫生学院和人才队伍建设。完善公共卫生服务项目，扩大国家免疫规划，强化慢性病预防、早期筛查和综合干预。完善心理健康和精神卫生服务体系。

《国家卫生健康委办公厅关于基层医疗卫生机构在新冠肺炎疫情防控中分类精准做好工作的通知》中指出：疫情防控中风险县（市、区）的基层医疗卫生机构，要贯彻落实区域"外防输入、内防扩散"策略，在采取低风险地区各项防控措施基础上，做好人力、物资、隔离观察场所等方面的准备。会同城乡社区组织落实"四早"措施，实施网格化、地毯式管理，协助落实对辖区病例密切接触者的追踪排查和隔离医学观察措施，配合疾控机构开展流行病学调查。根据《国家卫生健康委办公厅关于做好新型冠状病毒肺炎出院患者跟踪随访工作的通知》（国卫办医函〔2020〕142 号）要求，协助落实对出院患者的随访管理。加强疫情防控宣传教育，强化家庭防护措施，防范家庭聚集病例。协助做好病例家庭、楼栋单元等疫点的消毒。结合区域疫情防控趋势，逐步有序恢复医疗卫生服务秩序，保证基本卫生健康服务提供。疫情防控高风险县（市、区）的基层医疗卫生机构，要协助落实好辖区"内防扩散、外防输出、严格管控"策略，采取中风险地区各项防控措施基础上，全力参与做好城乡社区综合防控工作，及时协助落实社区管控和限制人员聚集等措施。要合理调配人力，重点关注辖区老年人、孕产妇、慢性病患者等人群的基本卫生健康和用药需求。

2022 年 1 月 6 日，北京市第十五届人大第五次会议开幕，会议审查《关于北京市2021 年国民经济和社会发展计划执行情况与 2022 年国民经济和社会发展计划（草案）的报告》。其中提到，2022 年北京将建设市疾控中心新址，实现每区负压病房不少于 10间，开工建设公共卫生安全应急保障基地，有序推进大型集中隔离医学观察场所建设。

在 2022 年 4 月 6 日举行的北京市新冠肺炎疫情防控工作新闻发布会上，北京市卫生健康委新闻发言人介绍，当时北京全市共设置 280 个集中隔离医学观察点，具备同时隔离医学观察 2 万余人的能力。为了做好集中隔离医学观察工作，北京市疾病预防控制中心特别编制的《集中隔离医学观察点的设置标准及管理技术指引》公布了 3.0 版。该文件规定了集中隔离医学观察工作的组织、责任、隔离点设置的卫生学要求、日常管理流程和要求以及消毒防护等技术关键环节。控制传染病传播有三个环节，即控制传染源、切断传播途径和保护易感人群。集中隔离医学观察是及时阻断传染病传播的重要手段，北京市主要是对新冠肺炎确诊病例的密切接触者、入境进京人员以及不具备居家隔离条件的国内来京（返京）人员实施集中隔离医学观察措施，按照相关防控技术要求设立集中隔离医学观察点。

2022 年 5 月 16 日，国家卫生健康委党组书记、主任在《坚定不移贯彻"动态清零"总方针坚决巩固疫情防控重大战略成果》中指出，要提前规划准备定点医院和亚定点医院、永久性方舱医院、集中隔离医学观察点，把防控的人力物质资源备足备齐，确保一旦发生疫情可以迅速启用。

2022 年 9 月 29 日，国务院联防联控机制召开新闻发布会，国家卫生健康委疾控局二级巡视员在会上表示，疫情防控实践证明，入境人员集中隔离的措施对于我国防止疫情由境外输入起到了关键的作用，加强隔离医学观察点的管理，规范落实集中隔离措施，一直以来都是疫情防控重中之重的工作，并强调各地要持续做好以下几方面的工作。

1. 做到"标准严"

对现有集中隔离医学观察点的位置、内部布局、设施等进行风险评估，合格后才能启用，坚决防止交叉感染。

2. 做到"数量足"

2022 年 10 月底前，各地按照每万人口不少于 20 间的标准，改造一批符合要求的集中隔离场所，建立备用集中隔离医学观察点清单，确保选址合理、硬件设施符合防控要求，避免出现"小、散、乱"的情况。

3. 做到"平疫结合"

疫情发生后，及时分批启用备用集中隔离医学观察点，对入境人员比较集中的地区，特别是输入病例较多的口岸城市，采取建设入境人员隔离医学观察"健康驿站"等做法，按照平疫结合原则和当地的实际情况，建设大型专用隔离场所。

2022 年 11 月 25 日，在北京召开疫情防控新闻发布会上。北京市政府新闻发言人表示："当前北京市疫情新增病例数持续高位增长，社会面病例数波动上升，防控形势更加严峻复杂。要持续做好社会面疫情防控，利用好周末窗口期，加强社会面防控措施。疫情高发多发的区和街乡，进一步降低社会面活动度，减少人员流动。强化方舱医院管理及服务保障，坚持底线思维，进一步加快集中隔离场所和方舱医院的储备和建设，统筹空间、设施、物资、人员等资源调配，做好患者救治和生活服务保障。"

大型集中隔离医学观察点建设是防止病毒的扩散的重要举措。随着疫情的发展，当时最紧迫的任务就是解决病毒的社会传播和扩散问题。值得注意的是，当时人员聚集发病形势很严峻。如大量密接人员或次密接人员在社区游动，会成为疫情扩散的主要源头，在这种情况下，应迅速地把密接和次密接人员都集中起来，给予隔离照顾，与家庭与社会隔离，避免造成新的传染源。大型集中隔离医学观察点最大的优势是面积大，收治的人员多。这种隔离比居家隔离更安全，既能避免患者和家人、亲友之间的传染，也能让患者得到妥善的治疗和照顾，是一种高效的管控措施。

大型集中隔离医学观察点建设可以大大提高医护人员的工作效率，节约医疗资源。定点医院负责诊疗重症患者，方舱医院收治轻症患者，无法及时住院治疗的确诊患者、疑似患者及密接者进入相应隔离医学观察点。通过疑似患者和密接者隔离期间观察，最终确诊或解除，进一步把健康居民和患者进行分类；由于隔离医学观察点医务人员可以服务较多的隔离对象，这种分级分类管理提升了卫生资源利用的效率。除可以收治大量人员以外，因大型集中隔离医学观察点的房间是集中式布置的，还可以大大提高看护效率，医生和护士可以照顾更多的隔离人员。这样就可以节省出更多医疗资源，并将其应用到最需要的地方去。

大型集中隔离医学观察点建设是疫情防控的必要措施。采用大规模的集中隔离场所来防控疫情，是我国公共卫生防控与医疗的一个重大创举，包含着鲜明的中国特色和中国智慧；归根结底，它背后的运行机制也是创造，是党中央集中统一领导下制度优势支撑起来的创举。大型集中隔离场所从无到有及有效运转，充分表明党的领导是中国特色社会主义制度的最大优势，党中央越有权威，行动越有力量。坚持"人民至上、生命至上"，毫不动摇坚持"外防输入、内防反弹"总策略和"动态清零"总方针，全面落实"四方责任"和"四早"要求，坚持"宁可备而不用，不可用而无备"原则，按照国家最新集中隔离场所储备标准和建设一批永久隔离设施的要求，全力做好集中隔离点建设及储备，备足备齐防控人员物资，切实提升风险人员集中隔离管控能力，确保一旦发生疫情，能快速投入使用，实现风险人员"应隔尽隔"、及时管控到位，第一时间阻断疫情传播链条，可为尽早实现社会面动态清零创造必要条件。

大型集中隔离医学观察点建设是有效阻断疫情传播的重要手段和关键环节，建设区域内大型集中隔离医学观察点，是为适应当前严峻复杂的疫情防控形势，落实各级防控工作领导小组要求的具体举措。可以有效提升区域集中隔离医学观察点的工作规范性，优化防疫工作基础设施，降低非专业集中隔离医学观察点疫情防控风险，补充人口密集区域酒店逐步退出隔离点序列的缺口，大幅降低行政成本，中长期大量节约财政资金。

1.2 工程概况

金盏集中隔离医学观察点项目位于北京市朝阳区金盏乡，地处北京城市核心区、副中心和首都机场三个重要区域的交汇处，毗邻规划第四使馆区（图1.2-1）。

项目总用地面积15.65hm²，规划总建筑面积14.52万m²（图1.2-2）。项目共分为A~J区10个组团，其中A区为工作准备区，B~I区为隔离区，J区为预留发展区。园区除综合办公楼、餐饮中心、物资存储中心为钢结构建筑外，其余用房均采用集装箱式房。设有4015间隔离用房，925间医护及服务人员用房，2545间其他辅助用房，共计使用7485间集装箱式房。经济技术指标表见表1.2-1。

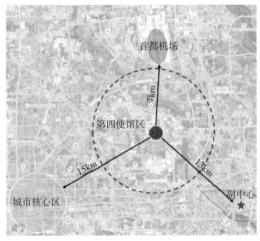

图1.2-1 项目区位图

图1.2-2 项目总平面图

表1.2-1 经济技术指标表

项目	数量	单位	备注
总用地面积	156500	m²	
总建筑面积	145247	m²	
建筑占地面积	51879	m²	
道路及广场占地面积	49620	m²	
绿化占地面积	55149	m²	
建筑密度	0.33		
容积率	0.93		
隔离房间	4015	间	
机动车停车数量	145	个	大巴车11个，小汽车116个，电瓶车位（含充电桩）18个

1.3　参建单位

建设单位：北京市朝阳区保障性住房发展有限公司。

监理单位：建通工程建设监理有限公司。

工程总承包单位：北京城建集团有限责任公司。

设计单位：北京城建设计发展集团股份有限公司。

勘察单位：北京城建勘测设计研究院有限责任公司。

1.4　建设历程

1.4.1　组织历程

朝阳区政府成立了区委常委、常务副区长任指挥长，副区长、北京城建集团副总经理任副指挥长的指挥部，进行现场协调指挥。北京城建集团高度重视，董事长亲自指挥，成立了现场工程指挥部和临时党支部，现场指挥 12 家二级单位参与建设，以高度的政治责任感和执行力，高标准完成了建设任务。建设组织历程见表 1.4-1。

表1.4-1　建设组织历程表

事件	照片
2022 年 5 月 25 日下午，北京城建集团收到建设任务，集团董事长和总经理在第一时间组织召开了筹备会，要求土木工程总承包部牵头，以高度的政治责任感和执行力，把本项目做成大型集中隔离医学观察点的 EPC 示范项目	
2022 年 5 月 26 日上午 9 点，北京城建集团董事长在现场组织召开项目启动誓师大会，北京城建集团发挥全产业链优势，组织 12 家二级单位参与工程建设，并成立现场指挥部和临时党支部	

续表

事件	照片
2022 年 5 月 26 日中午，朝阳区领导考察现场，并与北京城建集团领导现场研究项目工作安排事宜	
2022 年 5 月 27 日凌晨，进行地基处理的冲击碾调集到位，正式开始进行地基处理工作	
2022 年 5 月 30 日上午，朝阳区领导现场查看样板间，并慰问一线建设者	
2022 年 6 月 6 日，北京市领导到现场慰问	
2022 年 6 月 12 日，北京城建集团董事长现场主持召开抢工冲刺大会，鼓励全体参战人员克服暴雨影响，全力冲刺，按时完成建设任务	

续表

事件	照片
2022 年 6 月 15 日 15：00，朝阳区金盏集中隔离医学观察点项目正式通过竣工验收	
2022 年 6 月 16 日，北京市领导现场考察金盏集中隔离医学观察点建设和设备设施情况；运营管理团队入驻，开展接待准备工作	

1.4.2 实施历程

北京城建集团高度重视，董事长亲自指挥，成立了现场工程指挥部和党支部，北京城建集团发挥全产业链优势，从设计到施工，从产品到运营，北京城建集团 12 家子单位参与建设，"精心设计、精心施工"。作为工程的先行者，全体设计人员 60 多名设计师全部集中在现场，结合项目特点，本着"满足防疫、平疫转换、造价控制、快速建造"的实施原则，现场设计现场交底，以快速、高质量的设计成果为项目的顺利实施和高质量展现提供了强有力的保障，全体参建人员以高度的政治责任感和执行力，把本项目建设成为大型集中隔离医学观察点的 EPC 示范项目。实施历程见表 1.4-2。

表1.4-2 实施历程表

实施历程及介绍	

2022 年 5 月 25 日，全体设计人员集中现场，召开设计动员会	2022 年 5 月 26 日上午 8 点，区政府汇报设计方案，确定最终设计方案；组织施工机械陆续进场

续表

实施历程及介绍

2022年5月27日，提供总图和基础施工图纸；现场开始地基处理工作，同步开始基坑开挖

2022年5月28日，大面积开始地基验槽，并开始筏板基础施工

2022年5月29日，完成单体施工图，并开始现场审查；开始吊装箱式房

2022年5月30日，提供建筑单体施工图；现场完成样板间制作

2022年6月1日，完成所有基础浇筑，腾出工作面，开始吊装大面积箱式房

2022年6月2日，设计完成防疫专家评审会；机电安装开始交叉施工

2022年6月3日，继续箱式房吊装，部分组团室外道路路基、路边管线开始开槽及化粪池开槽施工

2022年6月4日，继续箱式房吊装及室内管线安装同步开展，完成部分组团外环道路水稳层铺设及实施道路两侧管线

续表

实施历程及介绍

2022年6月5日，完成全部施工图；完成所有箱式房吊装，同步开展室内机电安装和室外管线工程 | 2022年6月6日，同步开展室内机电安装、整体卫浴安装和室外管线工程；A区钢结构柱吊装完成

2022年6月7日，同步开展室内机电安装和室外管线工程，开始吊装屋面钢结构；同步开始建造A区钢结构三层 | 2022年6月8日，设计完成消防专项专家评审；同步开展室内机电安装和室外管线工程；A区钢结构开始机电安装

2022年6月9—12日，隔离组团内大面积开展室内机电安装、屋面钢结构安装和完成室外管线埋设、绿化等配套设施施工 | 2022年6月13日，部分组团陆续完成机电和整体卫浴安装；完成室外道路工程、继续室外配套工程施工

2022年6月14日，完成隔离组团室内外全部实施内容，开始清洁卫生 | 2022年6月15日，隔离组团及配套设施项目全部施工完成，并通过完工验收，正式移交运营单位

第 2 章

工程特点及创新

针对建设项目规模大、标准高、难度大、工期紧的工程特点，本项目采取了一体化管理措施、完善化设计措施及快速化建造措施等创新措施，为确保项目高质量按期交付保驾护航。

2.1 工程特点

北京金盏集中隔离医学观察点项目是在新冠肺炎疫情背景下，为快速提升抗疫基础设施，北京市朝阳区组织建设的大型集中隔离医学观察点应急抢险救灾项目。该工程有以下四方面特点。

2.1.1 建设体量大

1. 项目规模大

本项目占地 15.9hm²，总建筑面积 14.52 万 m²，隔离区建筑面积 12.6 万 m²，隔离房间 4000 余间，医护宿舍 900 余间；工作准备区建筑面积 1.8 万 m²；道路广场面积 5 万 m²；绿化面积 5.7 万 m²。

2. 功能区多

本项目有 8 个独立隔离组团、医护人员宿舍、综合办公楼、餐饮中心、物资储备中心、接待登记区、污物处理站、大巴洗消区等。

3. 工程量大

本项目地基处理面积为 12 万 m²，土方量为 10 万 m³，混凝土为 2.5 万 m³，钢材为 1.2 万 t，箱式房 7400 余套，整体卫浴 5000 余套，机电设备 7 万余台，管材 40 万延米，线缆 35 万延米。

2.1.2 建设标准高

1. 防疫设施标准高

本项目防疫设计除严格按照《集中隔离医学观察点设置标准及管理技术指引》（第8 版）执行外，还通过小组团、交通流线优化、设置隔离等候区、采用可视对讲系统、预留机器人配送条件、卫生通过区设监控 + 广播系统、增加观察窗等措施进一步降低交叉感染风险。该设计经区卫健委、疾控中心及北京市防疫专家多次评审，获得高度认可。

通过在综合服务楼设置 1 个总指挥部和 4 个分指挥部的"1+4"模式，隔离区采用竖向管道井 + 顶部、底部水平管廊的全检修模式，考虑疫情后采用单户计量等，有力提升了后续的运营维护水平。

2. 人性化设施标准高

通过人性化设计，提高隔离人员居住舒适性，提升服务水平。例如，房间全部通过采用管线暗埋、加大外窗尺寸、采用落地窗、增加竹叶纤维板饰面等提升居住品质；除单人间外，增加套间，满足需要照顾的老人等不同隔离人员需要；设置快递暂存间，为隔离区人员提供便利化服务。

3. 园区环境标准高

色彩纷呈的建筑立面和第五立面，采用有机纤维覆盖结合景观种植、微地形营造的景观小环境，为今后集中隔离医学观察点（以下简称"隔离点"）的建设树立了标杆（图 2.1-1）。

图 2.1-1　隔离区建筑立面实景

2.1.3　建设难度大

1. 疫情安全风险大

本项目建设期间疫情形势严峻，而现场管理和施工人员密集庞杂，高峰期劳动力 8000 人，人员进场、退场闭环管理难度高，防疫安全风险大。

2. 物资供应紧张

本工程与北京市多处隔离点同期进行建设，物资供应相对紧张，比如箱式房短期内市场需求大，存量现货有限，生产加工赶不上施工进度。同时，受疫情影响，机械设备、材料物资的订购和运输不可避免受到影响。

3. 施工作业面小

在快速施工的情况下，各种机械设备、材料、车辆、人员在场地内穿梭，施工作业面非常紧张，施工时，汽车起重机支架一展开，道路基本无法通行。而高峰期这样的汽车起重机多达几十台，施工穿插难度极大（图2.1-2）。

图2.1-2 箱式房吊装现场

4. 参建单位多

参与建设本工程的单位有勘察、设计、咨询、供货、施工、监理、运营单位，涉及政府市、区、乡各级管理部门，管理协调工作量大。

5. 施工组织要求高

在疫情期间，组织大规模、多单位、多工种协作快速施工，人、机、料密集穿梭、交叉施工，作业难度大，施工组织要求高。

2.1.4　施工工期紧

本工程从2022年5月27日开始施工，6月15日完工，历时20d。在各种不利条件下，要在疫情期间20d建设这样规模、高标准的隔离点，是本工程最大的挑战。

2.2　管理创新

目前应急抢险项目多采取传统的PC管理模式，即设计与招采、施工是分开的，互为制约，采取这种管理模式，在应急抢险工程实践中容易出现各方各自为政、互相扯皮的情况，会对工期、成本及品质管控造成不利影响，也增加了业主的管控难度和风险。为克服以上问题，金盏集中隔离点项目采取EPC工程总承包管理模式，可以更快、更好地完成设计、招采、施工一体化统筹和协同运作，同时减少业主的管理难度。

2.2.1 一体化管理

采取 EPC 管理模式，可以在应急项目时间短、任务急的情况下，有效克服设计、采购、施工相互制约和相互脱节的矛盾，极大地加强作为总承包商的城建集团对工程的整体管控力度，有利于合理衔接各阶段的工作，圆满达成应急项目对进度、成本和质量的控制目标。金盏项目采取了边设计、边招采、边施工的一体化模式，在仅有的 20d 工期完成了项目的高品质呈现，这与项目选择了正确的管理模式密

图2.2-1 EPC项目管理模式

不可分。同时，城建集团发挥设计、供应及施工资源整合一体化优势：在接到任务后，迅速调动城建院、住宅院、城建园林、道路、一体化卫浴等相关单位，确保快速反应，包括快速设计、快速采购及精心施工（图 2.2-1）。

2.2.2 设计管理

采用 EPC 管理模式，可以充分发挥设计管理在整个应急工程建设过程中的主导作用。强调设计管理主导作用，有利于金盏项目快速建设过程中整体方案随现场情况的不断优化。

2.2.3 招采控制

采用 EPC 管理模式，有利于控制成本，统筹考虑设计、采购、施工，减少变更，节约成本，降低造价。在应急工程中，节约时间并进行快速建造至为关键，采取设计与采购交错配合模式，可以在图纸还未完成的情况下，设计管理部门牵头设计，以主要材料设备清单的形式提供主要大宗材料、设备的型号参数及数量，供招采部门结合市场询货情况反馈设计人员，进行合理优化调整，再由采购部门进行快速订货工作。

2.2.4 管理成效

采取 EPC 管理模式后，由于城建集团统筹安排设计、采购和施工，使三个阶段能够有机地融合，可以做到设计、采购与施工阶段合理相互交叉，对 20d 完成全部工作至关重要。

2.3 设计创新

2.3.1 先进的防疫理念：小组团、大防疫

为了能够做好隔离点的防疫设计工作，设计团队保持与时俱进，组织学习新的防疫

理念与政策，学习国内先进隔离点设计经验。同时，为了能够深入了解一线抗疫人员的实际需求，设计团队与隔离点运营管理团队进行深入交流，从解决实际问题的角度进行设计。设计团队通过系统分析、整理资料，形成相对完善、成熟的"小组团，大防疫"理论体系。

"小组团，大防疫"体系有别于传统"大组团、大三区"的概念，把隔离点分为一个综合服务区和若干个独立隔离组团（图2.3-1）。每个隔离组团将隔离人数控制在500人左右，形成"小组团、小三区"的概念。

金盏项目分为多个独立分区（用字母表示）。其中，A区为隔离点的工作准备区，B~I区为隔离区，J区为预留发展区。组团间进行物理分隔，组团内部按照医学隔离设计要求"三区两通道"的概念进行设计，每个隔离组团可视作一个小型隔离点。隔离组团间距控制不小于20m。同时，为了更好地配合小组团防疫体系，各类设备设施应上尽上，监控系统、门禁系统、三层闭环管理系统确保每个隔离组团均能独立运行（图2.3-2~图2.3-4）。

图2.3-1 金盏项目组团分布图

图2.3-2 金盏项目组团内部小三区布置

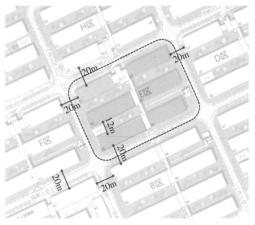

图2.3-3 金盏项目组团内、外部建筑间距

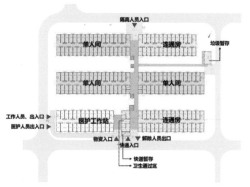

图2.3-4 金盏项目组团内"三区两通道"设计

2.3.2 可持续发展设计原则：平疫结合，厉行节约

疫情期间采取整体建设模式，建成后承担城市集中隔离区职责；在后疫情时代，将根据区域经济发展现状及需求，结合建筑特点，转化为城市功能区。

1）项目从选址到规划布局，从多彩靓丽的立面到室内细部处理，包括水表、电表分户设置等，均为未来的平疫转化留有伏笔。

2）J区预留用地建成后以微地形结合低维护的地被景观为主，既满足近期施工对场地土方的就地消纳需求，也为远期提升绿化提供了良好的骨架基础。

3）隔离园区裸土采用有机覆盖物，不仅满足快速建造的要求，还能营造良好的景观效果。该材料还可增加土壤肥力，改善土壤环境，也可为未来种植植物提供较好的土壤条件。

4）隔离用房室内选取的家具及配饰均具有一定的品质要求，不是作为一次性物品采购，后期转化后可继续使用，避免浪费资源。

5）项目设计考虑未来发展空间，全项目采用无障碍通行设计，实现5G和Wi-Fi无线信号双覆盖，公区预留AI机器人电源，预留机器人管理及服务条件，为后续技术功能升级、业务拓展打下坚实的基础。

2.3.3 以人为本的设计理念：人性化、智慧化

既满足快速建造的要求，同时注重隔离人员的使用感受，在细节中的融入更多的人性化元素，也是此项目的一个亮点，主要体现在以下几个方面。

1）考虑到不同人群对隔离用房的使用需求不同，不仅满足基本隔离单间的需求，还推出了方便携带孩子和照顾老人的"家庭隔离房"。

2）房间的功能布局、家具、配饰精致而温馨，不仅仅满足疫情隔离期使用，更接近高端公寓的品质，大大提高了隔离人员入住的愉悦性。

3）公区走道局部墙面通过增添亮丽的颜色来打破原有空间的沉闷和单调的空间感受。

4）室外等候区设置廊架、座椅，满足隔离人员短暂停留、等待、遮阳遮雨的功能。医护站户外增加休息设施，给工作人员提供户外休憩场所。

5）隔离房间内管线全部隐蔽敷设，安全美观，为隔离人员提供舒适的隔离体验。增设套房、家庭房及快递暂存等功能设施，充分体现了以人为本的服务理念。

6）园区内光纤网络全覆盖，隔离房间内配备智能化可视对讲系统及智能电视，充分满足隔离人员的休闲娱乐及服务需求，并预留了智慧化服务设施条件。

2.3.4 匠心独运的设计创意：风雨之后，终见彩虹

本项目外立面以丰富欢快的色彩为主题，打破了集装箱建筑单调苍白的传统印象。五彩斑斓的屋面涂装形成一道美丽的彩虹，成为高空俯瞰的标志性建筑群。"风雨之后，终见彩虹"，充满人文关怀的设计创意生动见证着朝阳区领导与人民群众阻击疫情的决心与信心。内装、景观、导标等效果类专业也都在各自的设计中通过运用鲜艳的色彩、灵动的造型等手法呼应了设计主题，为隔离人员提供温馨、愉悦的隔离环境（图2.3-5）。

图2.3-5 七彩家园主题－效果类设计

2.4　快速建造

本项目的快速建造得以实现，取决于本次项目采用 EPC 模式，城建集团充分整合自身全产业链的优势，从勘察设计到产品供应及现场施工资源整合，做到一体化输出。

1. 资源组织的快速化

项目启动即抽调集团设计、勘察、物业、园林、沥青混凝土、整体卫浴、相关二级施工等单位，调动集团供应商名录中的供应单位，及时锁定货源；确保了项目建造的快速反应，快速设计、及时、大量的供应链条及现场精心施工；保障了施工部署的快速配置，达到快速实现施工的目的。功能的快速实现体现在以下几点：设计上充分发挥装配式、工厂预制等工艺；利用箱式房快速组建的优势，要求厂家先在工厂内提前组装，采用整体运输至现场吊装的方式，节约主体施工时间；卫浴上采用组合式集成卫浴，生产厂家为集团产业链自有厂家，充分按设计尺寸要求投产，大大节约了装饰施工时间。

2. 设计管理的快速化

（1）采用 EPC 模式

项目一开始，就确定采用 EPC 模式，设计管理团队从项目策划到项目移交运营全过程开展设计管理，设计计划管理将施工图设计与采购、施工配合同步推进，融为一体，充分发挥了 EPC 工程总承包项目设计、采购、施工一体化的优势，为项目创造 20d 建造奇迹提供了基础保障。

（2）加强 BIM 技术应用

BIM 技术提前从设计阶段就已经介入，并与设计同步进行。

（3）做好设计提资管理

及时提出初版主要材料、设备清单，结合各方意见调整清单，分期确认主材清单，分批次提供材料设备确认清单，对不同情况分别进行处理。

（4）夯实图纸档案管理

由于项目要求快速建造，设计施工周期短，边设计边施工，图纸每天都有大量更新版本。为解决以上问题，制定科学、简单的图纸命名规则以及即时闭环的图纸下发流程。

（5）优化设计协调管理

在 EPC 模式下，设计管理中心采用扁平化管理方式，建立直达一线的沟通协调机制，采取设计—技术例会、设计施工交底会、专题会等方式，保证设计、招采、施工各方信息对称、无缝衔接，迅速发现问题并解决问题。

（6）细化图纸深化管理

制订深化设计界面、深化设计原则、深化设计完成标准、深化设计确认流程等，进行精细化图纸深化管理。

（7）采用快速建造，模块化拼装设计

为了保障项目能够快速实施，采用钢结构和集装箱拼装两种装配方式，选用集装箱房作为隔离用房主体，通过大量箱式房的模块化拼装，使得项目得以快速实施。同时，合理优化管材、线材型号及规格，加快施工进度。

疫情防控刻不容缓，隔离点的建设是一场与时间的赛跑，设计作为这场比赛的领跑者，对工程整体进度起到至关重要的影响。

标准化、模块化的设计无疑是最好的选择。首先，标准化、模块化设计可以缩短设计周期，能够实现快速出图，保障施工队伍第一时间进场。其次，标准化、模块化的设计有利于设备材料的招采，标准化、模块化的设计采用的设备型号统一、材料统一、数量易于统计，大大缩短了招采时间。再次，标准化、模块化的设计，为现场施工、加工都创造了有利条件，施工人员在经过一个标准段的培训以后，可以迅速掌握施工技巧，实现快速建造。最后，标准化、模块化的设计便于现场施工组织，可以形成流水作业模式，进一步地缩短施工周期。

本项目在标准化、模块化的设计策略如下。

1）制图标准化：统一说明、统一布局。

2）隔离组团模块化：以"王"字形布局为标准模块，根据场地现状做微调。

3）隔离单元模块化：每个隔离单元的房间数量、楼梯数量、变配电间数量均按标准配置。

4）隔离房间模块化：每个隔离房间的家具配置、布局方式均一致。

5）基础设计标准化：隔离组团的基础设计采用标准化设计，完成一个组团的基础设计以后，其他组团均可按照标准单元进行施工。

6）设备系统标准化：标准的隔离单元，配备标准的设备系统。

3. 物资采购的快速化

（1）整合资源

整合集团全产业链优势、集中优质资源，根据项目特点，围绕"人机料法环"制订了采购工作部署。通过将物资设备招采工作前置到设计环节，有利于设计、采购、施工各阶段工作的合理深度交叉，有效地克服传统模式设计、采购、施工相互制约和脱节的矛盾，最终达到节约成本、缩短工期的效果。

（2）优化工程采购模式

为高效完成物资设备采购工作，项目指挥部决策以"抓大放小"的原则与成员企业划分采购界面，确定以项目指挥部集采为主，成员企业分工协作为辅。

（3）加强工程采购管理

加强招采团队建设，明确采购分工，动态更新采购需求，简化招采流程，优先选用长期合作供应商，坚持源头采购，充分利用第三方平台渠道优势，强化采购计划，加强供应管控，规范现场管理，做好履约支付等。

4. 施工实施的快速化

（1）地基与基础施工

面对工期紧、任务重的特点，因势利导，积极进行土方平衡，在设计时就因势利导，根据土方平衡计算及少开挖原则，差异化考虑组团建筑正负零标高；充分利用J区预留地微地形，利用挖高填低的方式平衡土方量，尽量做到土方不外运。同时，因地制宜，精准筹划，精准选择地基处理方法，采用碾压法和振动压实法，保证建筑基础的快速实施。针对沟塘换填，通过有效利用建筑垃圾再生材料，利用建筑拆迁再生材料回填处理。精准设计基础设计尺寸，所有箱房基础地梁高度、截面宽度设计均采用统一尺寸。通过精准设计综合管廊，不仅满足功能要求，还加快了施工进度，实现了快速建造。优化工序，快速实施，合理布置施工工序，迅速开展场地平整施工、地基处理、基础施工等，可尽快形成有序的流水作业。

（2）箱式房施工

本工程共设计7845个箱式房，也就是7845个工作面，工作面小，数量多，工序繁杂。采用整装进场、快速就位，箱式房采取场外整体拼装成型，整体运输，到达现场后，整体吊装就位进行施工。同时，采用合理优化吊装顺序，错序施工、增加通道、永临结合、保证通行，严控流线、减少交叉，应急暂存、有备无患，场外疏导、确保畅通等措施，极大地提高了箱式房整体安装速度，实现了快速建造。

（3）金属屋面施工

金属屋面作为箱式房安装之后的工序，里面需要安装大量的机电设备管线，需要实现封顶封围，还要起到防水作用，并且第五立面效果是关键工序。通过选定方案，深化先行，优化工艺，合理加工，提前备料，分批入场，精细划分，分区安装等管理和技术措施，实现快速建造。

（4）集成卫浴设计施工

通过采用BIM技术，辅助设计施工，加强调配，确保供应，有效管理收货、出货，科学分拣，准确配置等，整合各方资源，拆解项目需求，合理分配，优化全产业链的系统性与机动灵活性，实现集成卫浴的快速采购和快速安装。

（5）机电设备安装施工

通过利用BIM技术引领，提前进行样板间策划及管线的综合排布，设备提前就位，提高预制比例，模块化制作安装，平行、流水作业，统筹部署施工机械设备，加强协作意识，提高成品保护意识，一次成优，实现机电快速建造。

（6）市政园林施工

通过提前筹划，确定方案，及时进行微地形整理，做好反季节草卷铺设，有机覆盖物铺设等，昼夜轮班施工，实现快速施工。

（7）综合楼快速建造

针对综合楼功能需求，采用装配式结构。通过科学划分，同步施工，多专业配合，协调并进，砌筑作业，及时穿插，外墙围蔽，一体安装，物资储备，有序进场等，实现快速建造。

（8）消防系统快速施工

按照主要大宗设备由总承包采购，其他设备由二级单位采购的原则，发挥各单位的供货渠道优势。组织专业技术人员深化图纸，提前与土建和机电规划消防中控室进度，形成厂家预装和现场安装结合的形式，各系统单机调试完毕后，及时推进相关专业进行联调联试，创新性地将无线消防报警系统与传统的有线消防报警系统结合，实现快速施工。

（9）合理的交通组织管理

交通组织规划按照区域负责、靠前指挥的原则进行管理，主要进行出入口规划，内部道路分级管理，车辆调度规划始终围绕为下一步工序开创更多施工作业面，做好应急管理，施工阶段要做好道路交通临时调整等各项措施，保证施工的快速实现。

第 3 章
工程总承包管理

3.1　组织架构

3.1.1　政府管理组织架构

北京金盏集中隔离医学观察点项目是本轮疫情期间北京市重点建设的大型隔离点之一，为保证集中隔离医学观察点建设组织得力、运转高效、沟通顺畅，确保快速、高质量完成，政府部门组建工程建设指挥部，下辖项目建设前方指挥部和建设资金拨付审议小组，为本项目顺利实施提供强有力的政府组织保证（图3.1-1）。

图 3.1-1　政府管理组织架构图

1. 工程建设指挥部

工程建设指挥部由北京市朝阳区委常委、常务副区长任指挥长，副区长、北京城建集团副总经理任副指挥长，办公室设在区住房城乡建设委，负责建设阶段的协调工作。成员单位包括区住房城乡建设委、区政法委、区国资委、区审计局、区财政局、规自分局、区卫生健康委、区疾控中心、区水务局、区发展改革委、区城市管理委、区生态环境局、区应急局、区消防救援支队、金盏管委会、金盏乡政府、区交通委、区园林绿化局、北京市朝阳区保障性住房发展有限公司（以下简称"朝保发公司"）等。各成员单位职责如下。

区住房城乡建设委：督促项目参建单位完善设计方案；履行施工管理主体职责，开展工程质量安全监督；协调相关部门，加快工程进度，确保工程如期完成。

区政法委：履行区隔离点指挥部牵头单位的职责；协调区卫生健康委、区疾控中心等有关部门对项目的卫生防疫要求开展评估，确保项目符合隔离要求。

区国资委：督促指导朝保发公司做好建设相关工作。

规自分局：开辟绿色通道，容缺受理，办理临时建筑审批手续，免费提供土地，完善借地受理程序等工作；在保证使用功能的前提下，对整体的设计方案进行把关，提升美观性。

区财政局：牵头财务审计工作，总体协调各方，把控项目投入和成本，落实好建设和运营经费。

区审计局：组织进行全过程跟踪审计工作。

区卫生健康委、区疾控中心：全程指导项目建设，督促落实防疫相关要求，对防疫相关安排给予支持帮助；负责牵头有关部门，对项目的卫生防疫要求开展评估并出具意见，确保项目符合隔离要求。

区发展改革委、区城市管理委、区生态环境局、区水务局、区应急局、区消防救援支队、金盏乡政府、金盏管委会、区交通委、区园林绿化局等单位：根据部门分工职责，对项目建设和运营给予支持帮助和统筹协调。

朝保发公司：履行建设主体职责，合理控制工程造价，确保资金使用安全；择优选聘监理单位等，完成好区委、区政府和各部门交办的工作任务，确保项目按时、高质量投入使用。按照区卫生健康委、区疾控中心等专业部门的指导标准，组织总承包单位完善建设方案，落实建设标准，办理建设手续，保质保量按时完工；聘用监理公司具体负责项目进度、安全、质量、投资管理等工作；确保财政资金合规、安全、高效使用。

2. 项目建设前方指挥部

项目建设前方指挥部由区住房城乡建设委、卫生健康委、金盏管委会、朝保发公司、北京城建集团、监理公司、区政法委组成，各单位安排一名副职领导驻场办公，深入项目建设一线。前方指挥部强化协调配合，强化资金、物料等保障，紧密配合，主动作为，靠前服务，及时协调解决项目建设中遇到的问题，全力为项目顺利推进创造良好的环境和条件，加快项目建设（图3.1-2）。

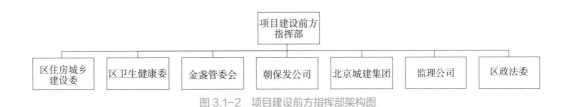

图3.1-2 项目建设前方指挥部架构图

3. 建设资金拨付审议小组

该组由区住房城乡建设委、区财政局、区审计局、区政法委、区卫生健康委、朝保发公司组成。区住房城乡建设委、朝保发公司及其开户银行签订三方资金拨付监管协议，加强资金监管（图3.1-3）。

图3.1-3 建设资金拨付审议小组架构图

3.1.2　总承包管理组织架构

总承包管理从集团层级出发，组建北京城建集团有限责任公司金盏集中隔离观察点项目指挥部；委派现场总指挥及现场执行指挥，调配集团上、下游全产业链资源，开展项目推进工作。在项目部设立项目部层级管理，项目经理为项目层级管理第一责任人。项目部层级管理下设设计协调保障组、技术质量保障组、经营物资保障组、生产调度保障组、安全消防保障组、后勤防疫保障组、财务组等职能小组，各职能小组负责人即为各组组长。总承包管理组织机构见图3.1-4。

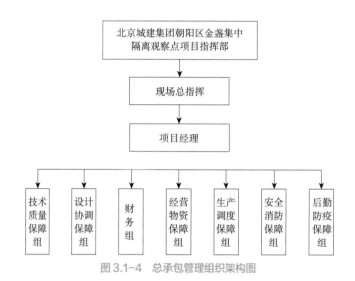

图3.1-4　总承包管理组织架构图

3.1.3　设计管理组织架构（图3.1-5）

1. 设计管理总负责—设计管理中心

在北京城建集团层级，设计管理中心为设计管理总负责方。在项目层面，设计协调保障组负责现场设计管理工作，设计协调保障组成员由设计管理中心派出人员组成。

2. 设计管理执行层—设计协调保障组

设计协调保障组负责项目设计计划、技术提资、图纸质量、设计协调、图纸档案及深化设计的组织管理工作，以及配合采购和施工的组织协调工作。同时，设计协调保障组还负责组织与业主、运营单位、政府及政府委派专家组的设计技术对接工作。设计协调保障组人员精干，由具备成熟设计管理经验的专业人员组成，为本项目在EPC模式下实现"满足防疫、平疫结合、造价控制、快速建造"发挥关键作用。

3. 整合设计资源—勘察、设计、三审、深化单位

本工程依托北京城建集团全产业链资源，设计管理中心整合的设计资源包括勘察设计单位、第三方审图单位以及专项设计与深化设计单位。

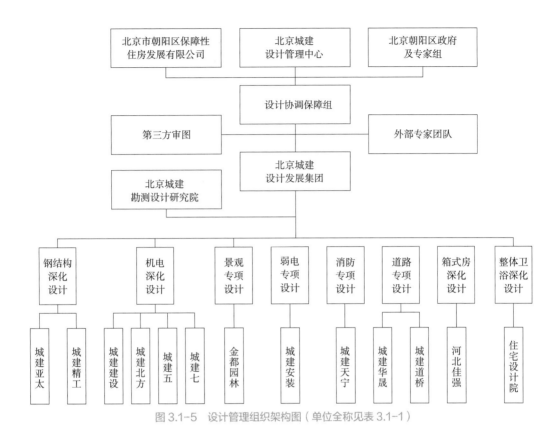

图 3.1-5 设计管理组织架构图（单位全称见表 3.1-1）

（1）勘察设计单位

北京城建设计发展集团承担本项目方案与施工图设计工作，包括规划、建筑、结构、机电、景观、内装、小市政、交通等设计内容。

北京城建勘测设计研究院负责本项目的地形测量、岩土勘察和岩土设计工作。

（2）第三方审图单位

设计咨询单位负责本项目方案、施工图的第三方审图工作，包括防疫设计咨询工作。

外部专家团队负责创作第五立面方案，指导设计院进行建筑立面方案设计。

（3）专项设计与深化设计单位

专项设计与深化设计单位主要由北京城建集团二级公司及合作方组成，开展专项设计和深化设计。其中，钢结构深化设计由北京城建亚泰建设集团和北京城建精工钢结构工程公司负责；整体卫浴深化设计由北京市住宅建筑设计研究院负责。

3.1.4 分包管理组织架构

本次项目实施共联动集团 12 家二级单位参与，各单位均以总承包组织管理机构为现场管理架构，依照施工部署划分的施工界面，设立符合实际需要的分包管理组织机构。本次参与金盏项目施工的分包单位及工作区域划分见表3.1-1。

表3.1-1　工作区域划分

序号	施工专业及区域		施工单位
1	A~J区施工总承包单位	A区	北京城建亚泰建设集团有限公司（简称"城建亚泰"）
2		B、E区	北京城建五建设集团有限公司（简称"城建五"）
3		C、D区	北京城建北方集团有限公司（简称"城建北方"）
4		F、G区	北京城建建设工程有限公司（简称"城建建设"）
5		H、I、J区	北京城建七建设集团有限公司（简称"城建七"）
6	园区道路施工单位		北京城建华晟交通建设有限公司（简称"道桥华晟"）
7	配套市政施工单位	A~E区	北京城建华晟交通建设有限公司（简称"道桥华晟"）
8		F~J区	北京城建道桥建设集团有限公司（简称"城建道桥"）
9	钢屋面结构及电梯施工单位	A、F~I区	北京城建精工钢结构工程有限公司（简称"城建精工"）
10		B~E区	北京城建亚泰建设集团有限公司（简称"城建亚泰"）
11	弱电系统施工单位	A~C区	北京城建安装集团有限公司（简称"城建安装"）
12		D~J区	北京城建天宁消防有限公司（简称"城建天宁"）
13	园林绿化施工单位	A~J区	北京金都园林绿化有限责任公司（简称"金都园林"）

注：A区主体钢结构由城建精工组织实施；消防由城建天宁组织实施。

3.1.5　分包管理组织机构（图3.1-6）

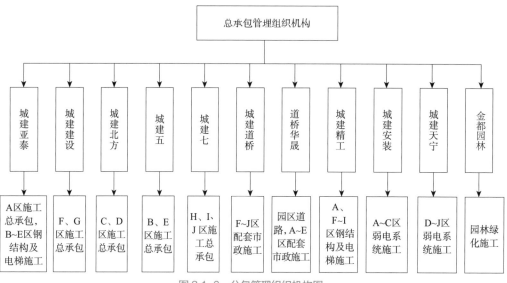

图3.1-6　分包管理组织机构图

3.2　设计管理

本项目作为北京城建集团首个大型抗疫抢险救灾隔离点 EPC 项目，设计管理团队从项目策划到项目移交运营全过程开展设计管理。

与常规项目相比，本项目工期非常紧张，同时建设体量大、建设标准高、施工难度大，设计计划管理将施工图设计与采购、施工配合同步推进，融为一体，充分发挥了 EPC 项目设计、采购、施工一体化的优势，为 20d 完成建造任务保驾护航，是 EPC 项目设计管理的一次重要实践。

本项目紧紧围绕"满足防疫、平疫结合、造价控制、快速建造"的目标开展设计管理，主要工作包括设计计划管理、技术提资管理、图纸档案管理、图纸质量管理、设计协调管理、图纸深化管理等。

3.2.1　设计计划管理

设计计划重点从三个方面推进。

1. 材料清单设计提资

本工程在施工图出图之前，设计管理中心组织编制材料设备清单，并向经营部门提资，除确定主要建材如箱式房、整体卫浴的规格、尺寸和数量外，水、暖、电三个专业材料设备分别达 40 种、24 种、79 种，合计设备数量 7 万多台，管材 40 万 m，线缆 35 万 m。

2. 施工图设计出图

本项目施工图设计从 2022 年 5 月 26 日确定总图方案，至 6 月 10 日 100% 施工图出图，历时 16d，出图 102 册。本项目规模大、专业多、图纸量大，为加强图纸计划管理，采取了如下措施。

首先，在出图之初，对最终将要出的图纸进行图纸规划，按照分区、分单体、分专业、分图纸内容的原则将图纸划分为篇、册、分册，在此基础上编制图纸目录，并将每张图纸分工落实到每个设计人员。

其次，结合设计计划和施工进度计划，对图纸按照分区、分单体、分专业、分批次出图的原则制订初步出图计划。

再次，对设计过程中，为满足施工准备或施工，同一张图可以分次出图，图名以相同编号累进，必须由专人及时通过专门的线上图纸群直达一线施工技术人员，说明图纸调整的内容，并通过各种形式进行交底，防止发生现场图纸信息滞后的情况。发出的所有图纸由专人每日登记图纸台账，供设计和技术人员检索。

最后，在实施过程中，按照实际情况对图纸规划和出图计划进行调整和补充，到一定阶段，整批出图，统一版本，覆盖原图。

通过以上措施，保证最终设计基本不遗漏，设计工作忙而不乱，基本满足现场进度要求。

3. 施工深化设计

本项目施工深化设计主要包含坡屋顶钢结构、工作准备区建筑钢结构、箱式房、整体卫浴，以及精装竹木纤维板、室内管线、景观构筑物、导向标识等。施工深化设计是保证设计与现场实施有效结合的关键步骤，计划管理将主要深化设计纳入整体计划中统一考虑，保证从设计、深化设计到施工的无缝衔接。

3.2.2 技术提资管理

鉴于本项目的应急特性，建设工期异常紧张、工程量大、建设标准高、建设难度高，设计管理中心充分发挥EPC项目一体化管理优势，会同设计院及招采部门打破材料设备清单必须在工程图纸确认后方可展开的常规管理模式，摸索材料设备清单与工程图纸、工程招采同步推进的设计、招采一体化管理模式，从提出初步清单、结合市场反馈、各方会审后协调设计反复调整技术参数，到确认最终清单并用以指导工程图纸和工程招标，大大节约了设计、招采的总时长，为项目快速建造争取了宝贵时间。

1. 提出初版主要材料、设备清单

设计管理中心结合近期应急项目的技术提资管理经验，在单体方案确认后，立即与设计院相关专业人员充分沟通，提出本项目的主要设备材料清单，包括材料设备的关键技术参数及预估数量，用以支持招采部门进行初步市场询货。

2. 结合各方意见调整清单

（1）现货优先

结合本项目工期短、无法订制、必须现货供应的特点及招采部门的市场询货反馈情况，对于市场无法提供现货或价格过高的材料、设备，在不违背设计要求的前提下，合理优化调整，确保快速建造。

（2）样板段确认材料

对于效果类主要材料，需进行现场多方案样板段打样比较，组织业主、监理、设计、工程等相关各方进行共同样板确认。

3. 分期确认主材清单

结合项目工程进度、市场情况及各方意见等前提条件，分批次提供材料设备确认清单，并分别处理不同情况。

（1）现货材料

对于市场有现货供应且非效果类主要材料设备，与设计确认后纳入工程图纸，并同

步展开订货加工等后续工作。

（2）无现货材料

对于市场无现货的材料设备，结合实际情况调改后，同步纳入工程图纸及招采清单。

（3）效果类材料

对于效果类材料，经现场样板确认后方可展开后续订货加工工作，并纳入终版工程图纸。

3.2.3　图纸档案管理

由于项目要求快速建造，设计施工周期短，边设计边施工，图纸每天都有大量更新版本，如没有完善的图纸档案管理制度，极易造成现场施工依据的图纸更新滞后，导致现场施工混乱，甚至造成返工和工期延误。

为解决以上问题，设计管理中心与设计单位一起制定科学、简单的图纸命名规则以及即时闭环的图纸下发流程（图3.2-1）。

图纸下发流程如下：设计成果经各方审核确认后，由设计人员签字确认，同时将纸质版和电子版交设计院图文档负责人，由图文档负责人将正式纸质施工图纸交设计管理中心专项负责人和工程技术部专项负责人签收并发现场实施。同时，将图纸及图纸清单目录（包括图纸更新内容说明及专业负责人联系方式）整理后发送到图纸微信工作群内，同步给予一线工程技术人员指导现场施工。

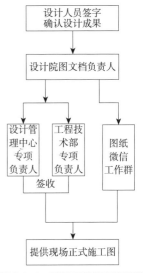

图 3.2-1　图纸质量管理流程图

3.2.4　图纸质量管理

1. 图纸质量管理层级

图纸质量管理按管理主体分为四个层级。

（1）第一层级为区政府组建的工程建设指挥部，工程建设前方指挥部，负责对设计方案质量的监督，组织政府层面的防疫、消防等专家对设计成果进行专家评审。

（2）第二层级为现场指挥部，其中设计管理中心为牵头部门，全面负责组织方案评审、外邀专家评审、组织图纸会审。

（3）第三层级为第三方审图单位，负责审核方案到施工图的全过程。

（4）第四层级为设计单位，负责内部校对、审核、审定三级校审，本项目还专门设立专家组现场指导，对方案和图纸质量进行把关。

2. 图纸质量管理流程（图 3.2-2）

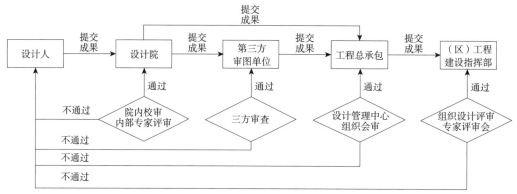

图3.2-2　图纸质量管理流程图

3. 图纸质量管理工作重点

（1）方案评审

在方案评审阶段，要求组织专家评审重点方案，包括防疫方案、消防方案、地基处理和基础方案、钢结构坡屋顶方案、机电方案等。

评审方案前，组织设计单位进行多种方案比选，从功能、品质、工期、造价等多方面进行比较，内部评审人员包括现场指挥部有关领导、设计管理中心、项目工程技术部门和经营部门负责人。

对防疫、消防等重大方案，除组织内部评审外，尚需由政府部门组织外部权威专家进行专项评审，由于相关方案的确定直接影响项目设计、施工进度，方案评审工作必须前置进行。

（2）施工图设计

施工图阶段图纸质量管理重点通过如下步骤进行控制：

1）依据前期方案评审，提出设计限额指标以及各项设计标准，以指导设计单位进行限额设计，避免超过概算结果。

2）组织图纸会审，采用"联审制"的方式，即"设计管理中心＋经营部门＋技术部门"三部门联审，确保项目图纸质量，达到经济合理、施工便利的要求。

3）按照项目图纸审查要求，重点从设计资料完整性、设计深度达标性、设计文件的符合性、设计经济性、技术合理性、施工便利性等方面提出审核意见，并负责指导设计单位的修改落实。

4）在图纸校审阶段，要求设计院安排院内资深专家现场审图指导，对图纸进行质量把关。

5）第三方审查，聘请医疗设计行业领先的中国中元国际工程有限公司（以下简称中元国际）为第三方审查单位，对图纸进行全面审查。

3.2.5　设计协调管理

在 EPC 模式下，设计管理中心采用扁平化管理方式，建立直达一线的沟通协调机制，采取设计 – 技术例会、设计施工交底会、专题会等方式，保证设计、招采、施工各方信息同步、无缝衔接，迅速发现问题、解决问题。

1. 设计 – 技术例会

设计管理中心组织设计院、项目技术部、项目经营部门每天召开设计 – 技术例会。主要包括以下议题：

1）现场（施工、招采）进度及对图纸需求情况反馈。

2）针对各施工单位提出的与设计有关的问题进行处理。

3）反馈设计工作进度。

4）图纸设计交底。

5）施工图纸答疑。

6）针对设计各专业提出的问题进行处理。

7）设计提示施工注意事项。

8）进行会议总结，并安排下一步工作。

每天开 1~2 次例会，施工高峰期基本都是早、晚各开 1 次例会。

参会人员包括设计协调保障组设计经理及专业负责人、设计单位项目负责人及专业负责人；现场指挥部技术负责人、经营负责人、采购负责人；各分包单位技术负责人；供货厂家（如箱式房、整体卫浴）技术负责人等。

召开例会的主要目的是沟通信息、协调进度、解决问题。

每天例会上，各方把设计进展与现场进展不对应的地方进行沟通对接，提出解决方案，形成工作日志，每天销项。

2. 设计施工交底会

对一些影响范围较大或关键的图纸内容，设计管理中心组织设计人员召开设计施工交底会，以统一施工技术人员对图纸的理解，解决设计与施工的衔接问题。交底会议形式灵活，地点不限于会议室和施工现场，参会人员主要包括设计、技术、施工和监理。并利用现场机电样板段检查，组织机电分包现场进行机电深化设计交底，解决机电管线施工问题，统一管线做法。

3. 专题会

针对部分专项工作，由于涉及的人员范围有限，按实际需要组织专题会，组织相关设计、技术、施工、经营、厂家人员参会，专门讨论、解决相关问题。

比如，由于箱式房生产厂家有6家，为统一箱式房设计、生产和现场安装标准、协调工作界面和安装流程，设计协调保障组组织厂家及设计、技术、施工、经营等所有相关负责人，专项讨论和协调，从箱式房的尺寸模数、结构体系，到建筑保温、门窗设置、管线暗埋、插座预留、照明照度、到竹木纤维板品质提升等，做到从设计、加工到现场实施的目标统一、标准一致、信息同步、无缝衔接。

其他典型专题会还包括整体卫浴专项协调、样板间设计封样、立面、精装、景观等效果类设计封样等，具体内容详见后面的内容。

3.2.6 图纸深化管理

深化设计管理主要包括深化设计管理界面、深化设计原则、深化设计完成标准和深化设计确认流程。

1. 深化设计管理界面（表 3.2-1）

表3.2-1　深化设计管理界面

序号	分类	深化设计项目	部门职责			
			项目技术部	项目经营部	设计院	设计管理中心
1	钢结构	钢结构深化设计	▲	◇	●	□
2	箱式房	箱式房深化设计图	▲	◇	●	□
3	卫浴	整体卫浴	▲	◇	●	□
4	精装	精装深化设计	▲	◇	●	□
5	屋面	彩钢板屋面深化设计	▲	◇	●	□
6	景观	景观铺装、围栏、LOGO 景墙等	▲	◇	●	□
7	标识	室外导标深化设计（含安全 Ⅵ ）	▲	◇	●	□
8	机电安装	机电管线综合	▲	◇	●	□
9		弱电智能化深化设计图	▲	◇	●	□

职责说明：▲—主办，◇—参与，●—确认，□—组织。

2. 深化设计原则

1）充分尊重原设计方案，以满足原设计基本功能和效果为前提。

2）与原设计同步推进。

3）达到当天出图、当天采购的要求。

4）遵循现货优先原则。

5）遵循便于施工原则。

6）为便于采购和施工，调整原设计方案时，应与原设计单位沟通确认。

3. 深化设计完成标准

1）深化设计应包括深化设计说明、深化图纸等，图纸深度应满足采购、加工、安装要求。

2）与结构受力相关的深化设计内容应带结构计算书。

3）应包括深化设计后与原设计图的图差说明及详细清单。

4. 深化设计确认流程（图3.2-3）

项目技术部应安排相关分包单位进行深化设计，设计管理中心组织设计单位进行深化设计审核确认，最终经确认后的深化图纸由项目工程技术部下发现场。

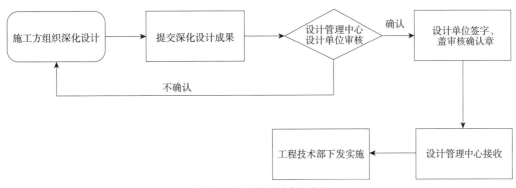

图3.2-3 深化设计确认流程

3.3 招采管理

3.3.1 工程招采概述

为确保项目的快速建造需求，北京城建集团充分发挥集团全产业链优势，集中优质资源，快速完成采购任务。

接到建设任务指令后，集团领导随即召开了紧急会，根据项目特点、围绕"人、机、料、法、环"制定了工作部署。

人：选用集团内优质成员企业解决劳务用工问题。

机：选用集团内优质成员企业与租赁商合格名录相结合的方法。

料：设计单位与项目技术人员根据轻重缓急编排大宗材料设备招采清单，优先出具加工工期长、市场资源紧缺的物资；项目招采人员收集、整理集团范围内优质供应商名录，提前洽谈意向合同，待材料设备招采清单相对稳定后，第一时间签订采购合同。

法：设计单位与项目技术人员、生产人员根据工程特点、工期要求、验收标准，合理划分施工工区，确定施工工艺。

环：项目技术人员、生产人员根据近期天气预报、进度安排，合理编排进度计划，避免因天气因素拖延进度；还需实地调查现场情况、周边交通情况，做好施工现场平面布置，合理规划物资进场路线、场内交通流线、场内垂直运输方案、物资存储周转地点等易受现场环境因素所制约事宜；项目行政保障人员要根据常态化防疫要求，结合本项目特点，制订行之有效的防疫管控制度，确保防疫工作万无一失。

会后项目指挥长根据工作部署、"四清晰一分明"经营理念，拆解、明确相关单位、部门、管理人员的工作目标、责任分工、工作要点，相关单位、部门、管理人员各司其职，积极开展筹备工作。

经营物资组根据工作目标、责任分工，结合本项目EPC建造模式的特点，物资设备招采工作在与施工计划高度统一的基础上，需与设计工作紧密结合。通过将物资设备招采工作前置到设计环节，有利于设计、采购、施工各阶段工作的合理深度交叉，有效地克服传统模式设计、采购、施工相互制约和脱节的矛盾，最终达到节约成本、缩短工期的效果。基于该特点，经营物资组派驻专人与设计进行对接，根据市场现货情况、加工生产周期对设计选型进行充分沟通，为后期物资供应保障奠定基础。并根据工作部署指导精神，收集、分类1年内集团内各项目的优质供应商名录，逐一沟通其供应能力、外埠物资进场保障措施、资金支付诉求，建立基础询价比价物资库。再根据相对稳定的大宗材料设备招采清单，结合进度计划确定招采批次，第一批次针对现阶段市场紧缺的箱式房、整体卫浴间，加工生产周期较长的电梯、电缆、配电箱等材料设备进行招采；第二批次针对剩余的大宗物资进行招采；之后，随着设计深度以补充协议对招采工程量、规格型号进行补充、完善。

在项目实施阶段，经营物资组充分发挥物资管理系统优势，联合成员企业物资管理人员，编排物资人员值班表，并组织调配相关劳动力予以协助，较好地完成材料设备的清点、分拣、收货、发货、库存等物资管理工作，确保现场物资供应及工程进度。

最终，北京城建集团充分发挥了集团全产业链优势，相关单位、相关部门在集团领导、现场指挥部指挥长的带领下，齐心协力、相互补台、攻坚克难，如期完成了建设任务。

3.3.2　工程采购模式

本项目建设周期短、体量大、专业多，采购物资品类繁多。为高效完成物资设备采购工作，项目指挥部决策以"抓大放小"的原则与成员企业划分采购界面，以项目指挥部集采为主，成员企业分供协作为辅。

项目指挥部集采的方式以箱式房为例进行说明。设计初步估算箱式房需用量约8000间，由于同期北京市海淀区、通州区、大兴区都在建设或筹划建设隔离点，造成近期箱式房、整体卫浴间等成为紧俏商品，为确保朝阳区金盏项目的供应，项目指挥部充分发挥集采优势，根据前期所了解的优质供应商存库以及日产量情况，在设计图纸还未稳定的情况下，就先行开展招采工作，在现有的10余家箱式房优质供应商中，通过竞争性磋商，最终确定了6家箱式房供应商（4主2备），并通过拨付预付款，及时锁定10000间箱式房的供应量（含现有库存），确保箱式房的供应。

成员企业分供协作以管道及管件为例，由于设计深度不够，无法准确计算具体管道及管件的用量，但鉴于此类材料属于建筑施工常规材料，市场现货较多，为避免造成不必要的材料损耗，该材料由各成员企业根据设计图纸自行管理供应和消耗。

3.3.3　工程采购管理重点

加强招采团队建设：应急工程物资采购工作千头万绪，承接着设计和施工环节，只有加强团队建设，成员之间互促互补、齐心协力，才能做好物资招采和供应工作。

明确采购分工：项目指挥部先明确采购界面划分原则，根据划分原则建立采购任务分工表。利用工程物资设备设计清单，逐项明确采购责任单位，做到分工到人、责任明确。

动态更新采购需求：指挥部招采部门与设计部门紧密配合，及时掌握设计变化，及时更新并通报物资设备设计清单和采购任务分工表，确保各单位根据物资需求信息开展招采工作。

简化招采流程：为适应应急工程的建设节奏，物资设备采购工作须高效、可控，应优化业务流程。项目部提出直签申请，经逐级审批后，对所需物资开展询比价工作，留存询比价资料，选定供应商后进行采购合同直签。简化招标程序，从而缩短采购周期。

优先选用长期合作供应商：通过向战略供应商、长期合作的供应商采购物资，获得可靠的货源供应和质量保证，又可获得采购价格的优势，可以降低项目采购成本及提高采购效率。

坚持源头采购：对于长期合作供应商不能提供的物资，坚持"有厂不用商"的理念，尽可能从源头厂家进行采购，省去经销商环节。这样既能节省采购成本，也能更好地协调排产、跟踪物流等信息，提高物资供应可控性。

充分利用第三方平台渠道优势：应急工程物资采购，尤其是紧俏物资，可借助第三方招标投标平台、战略供应商的渠道资源寻货、抢货。

强化采购计划：做好采购进度计划与设计进度计划、施工进度计划的有效衔接。在采购计划中，充分考虑设计信息、提料信息、厂家供货周期和现场需求时间，努力做到各种设计、提料、采购、施工之间协调一致，并根据设计与施工情况动态调整采购计划。

加强供应管控：提前进行运输策划，做好路线规划，避免途经疫情高风险地区；提前通过住建委、交通委等部门申请应急物资运输通行证；必要时，采取在进京检查站附近换车、换司机等措施；对于关键物资，派人驻场监督生产，发货后进行 24h 物流跟踪，督促供应商定时报告货运车辆的实时位置。通过各种措施全力做好物资供应保障工作。

规范现场管理：在施工现场设立现场采购管理小组，负责现场设备和材料的到货、分发管理和库存管理工作。严格收料、检验、入库、出库、退库等现场物资管理工作。通过系统管理，将到货的物资设备及时发放到施工单位，将物资设备的接收和发放出错率降至最低，避免材料的重复订货，减少剩余库存量，减少人力投入，减少项目总投资，理顺各环节的关系，对降本增效起到至关重要的作用。

做好履约支付：作为采购方，在供应商及时供应物资后，按照采购合同约定，及时结算、按时支付阶段性付款，充分调动供应商积极性，增强项目黏性，吸引其优先供货。

3.3.4　工程采购合约管理

合同的审批：严格履行合同审批制度，严格按照物资采购管理办法及信息化系统的规则，审批流程结束后，方可签订采购合同。

合同的签订：合同由供应商法人代表签订，或由其法定代表人书面委托的本公司有关人员代理签订，并加盖合同专用章或公章。采购合同必须统一使用集团印发的合同范本，严禁使用不符合要求的合同书。

合同的履行：签订采购合同后，应监督供应商全面履行合同。在履行合同的过程中，如出现供应商不能或者不能完全履行合同时，应采取紧急措施，将损失减少到最低程度；若需要变更或解除合同，应按法律规定的程序进行。

合同归档：及时建立健全合同台账，建立项目采购合同管理档案，对已签订的采购合同，要逐份进行分类、编号、登记，待项目完工后装订成册。对已执行完毕的合同，要注明"存档"标记，并注明日期，按单位档案管理规定进行归档。

合同纠纷的解决：采购合同发生纠纷时，项目部应积极协调解决。项目部无法解决时，应及时向单位领导汇报，单位领导应依据有关法律规定与对方协商解决；协商不成的，按相关规定向仲裁机关申请调解或仲裁，或向人民法院起诉。

合同后评价：工程验收后，项目指挥部会根据各供应商供货保障能力、所供产品质量、后续维保履约能力、企业管理水平等要素进行后评价，为后续工程的供应保障奠定基础。

3.4 工程管理

3.4.1 工程管理难点

1. 工程关注度高、标准高

本工程为北京市抗击新冠肺炎疫情的重点工程，各界关注度较广，对质量、安全、环保、进度等均提出较高的要求，做好现场施工组织、合理安排施工，确保达到约定或合同签订的各项指标、目标为工程核心点。

2. 时间紧、体量大、管理要求高

本工程建筑面积为 14.5 万 m^2，隔离房 4015 间，工程体量大，配套建设综合用楼、医护房、餐厅、仓库、园林绿化等建筑，专业多，结构复杂，深化设计、加工、运输及安装需要一定周期。同时，还需要做完备、繁杂的功能与环境设施，而工期仅为20d。合理组织好结构平行施工，克服困难，保证各个专业的施工材料及时定量供应、合理调配劳动力，是工程推进的重点。

3. 短时间大量材料进场，场内外交通组织困难

项目整体工期约 20d，有 8000 余套箱式房，5000 余套整体卫浴，以及钢筋、混凝土、机电设备管线、钢结构、金属屋面、市政园林材料需要进场，短时间内大量材料集中进场对场内外交通带来很大的压力，对项目组织管理是一大考验。项目通过增加场外临时暂存场地，增开进出场道路，实现"三纵三横"，场内合理规划交通，错峰施工，避免交叉，设专人疏导交通，合理规划材料堆放场地，组织协调厂区内外交通运输等措施解决交通问题。

4. 专业系统多，专业能力要求高

本工程专业系统主要包括生活给水系统、污废水排水系统、雨水系统、消火栓给水系统、通风系统、排风系统、空调系统、供暖系统、空调水系统、照明系统、防雷接地系统、动力系统等，各个专业需要同时安装、交叉施工，各个工种需要相互配合、协调施工面，同时应努力做好成品保护工作。

5. 金属屋面工程施工难度大

本工程在每个小单体屋面防水基础上采用钢结构屋面。单个箱式房屋面防水自成体系，保证多个箱式房组成的系统整体屋面防水是个难题，同时需要保证一定的设备安

装空间，还需尽量保证箱式房的完整性。因此，施工时，尤其要抓好屋面工程的施工质量。

6. 工程功能试验多

燃气管线需进行吹洗及管道严密性试验，管道阀门进场时，应进行强度严密性试验，给水管线应进行水压及管道冲洗消毒试验，污废水管道应做满水试验、通球试验、通水试验；整体卫浴应进行闭水试验；防雷接地系统应进行电气接地电阻测试，电缆电线应进行绝缘电阻测试；通风管道应进行严密性检测；安装灯具后，应做 24h 照明试验；主要设备应进行调试、试运行等，因此，施工过程中必须精益求精，以实现工程总目标。

3.4.2　施工部署原则

为实现建设工期、质量、安全、功能等管理目标，施工总承包遵循"引入先进的管理理念、采用最佳的施工技术、选用高素质的建设队伍、投入精良的机械设备、实施科学合理的组织安排、塑造过程精品"的指导思想，贯彻"发扬两山精神、创造彩虹城速度"的快速建造理念，进行施工总体部署。

1. 贯彻执行各项建设方针、政策、法规和规程

应遵循合理的施工顺序，以准备充分、方案先进可靠、资源充足、过程控制严格、管理优秀的全过程全面管理组织施工策划，确保按合同要求完成施工任务。

2. 协同作战，统一指挥的原则

应建立以指挥部为首的工程施工协调中心，结构施工阶段下设总承包部，积极配合指挥部的工作。所有参与施工的分包单位必须树立工程整体一盘棋的思想，相互配合协作，同心协力，创造现场管理以及内业施工文件资料管理的无缝连接，特别在结构施工、管线安装乃至装修、验收各阶段，应保证高度协调，以确保各项工作的顺利展开。

3. 符合工序逻辑及经济、适用、安全的原则

全面细致地考虑施工的各个环节，制订与质量、工期、安全、文明施工、降低成本有关的各项目标，并进行落实。科学合理地分配"人、机、料、法、环"等生产要素和影响因素，实现工程在良好控制状态下达到合同目标的最佳效果。

4. 科学安排好各分包及材料供应单位进出场时间

根据施工进度计划，确定分包单位的进出场时间，提前做好分包单位的劳动力计划及交叉作业部位，避免劳动力窝工或劳动力不足的现象。

5. 项目总体规划部署

本项目依据合同文件及进度控制计划，按照"分阶段展开，划区管理"的原则进行

管理；施工中遵循"先地下，后地上；先土建，后设备，及时插入装修；市政、园林穿插施工"的施工原则。具体施工区域划分见3.4.3节。

6.主要分项工程施工顺序

基础工程施工：测量放线→清表→场地平整及处理→局部坑塘分层碾压→钢筋绑扎→模板支设→混凝土浇筑→验收。

箱式房施工：基础施工→测量放线→箱式房吊装→金属屋面施工→集成卫浴安装→机电、内装施工→验收。

机电安装施工：分区分层安装生活给水系统、污废水排水系统、雨水系统、消火栓给水系统、永久建筑喷淋给水系统、热水器、通风系统、排风系统、空调系统、照明系统、防雷接地系统、动力系统等。

3.4.3 施工区域划分

本项目共设计 A~J 十大分区，在施工部署的施工区域划分上，依照"突出专业优势、工程体量相近、利于独立施工、便于平行抢工"的原则，综合分析各二级公司的专业施工能力、项目管理优势，结合工程特点，进行工程任务划分。

十大分区的土建大类项施工由城建亚泰、城建建设、城建北方、城建五、城建七等五家单位承揽，作为区域内施工总承包方，对所在区域的施工安全、质量、进度负全责。园区内部的道路施工由拥有全套摊铺机械的华晟公司实施。园林绿化、配套市政分别划归于园林绿化领域、市政领域专业优势突出的金都园林、道桥公司。弱电系统由弱电专业经验优势突出的城建安装及城建天宁负责。两家专业钢结构施工单位——城建亚泰、城建精工承揽了钢结构屋面及电梯钢架施工。具体施工区域划分（详见图 3.4-1~ 图 3.4-4 ）。

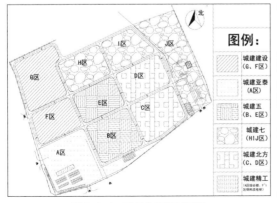

图 3.4-1 整体施工区域划分

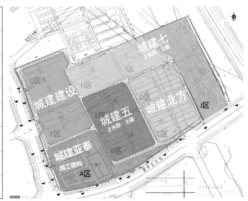

图 3.4-2 土建施工区域划分

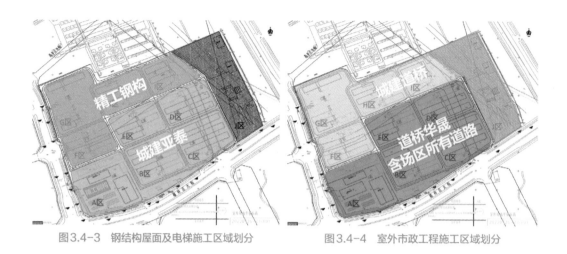

图3.4-3 钢结构屋面及电梯施工区域划分　　　　图3.4-4 室外市政工程施工区域划分

3.4.4　总体施工顺序

本项目为应急抢险项目，施工时采用"指挥部 – 总承包 – 分包"的形式。本工程总体施工顺序及总体进度计划控制图见图 3.4-5。

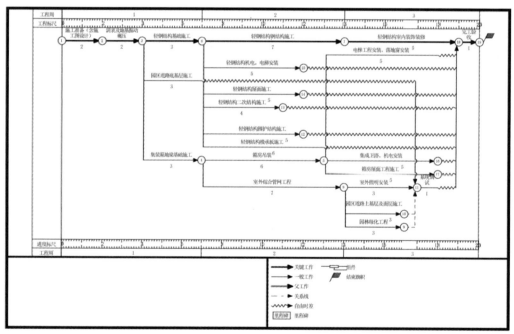

图3.4-5 北京金盏集中隔离医学观察点项目施工组织顺序

3.4.5　施工总平面管理

坚持阶段性、适用性、灵活性、可改造性兼顾的原则。科学合理布置施工临时设施、交通、临时用水、临时用电等，以施工总进度计划为依据进行阶段性调整，以最低投入获取最大收益。

1. 临水、临电布置

临水、临电从项目建设的西侧法院接入，临水主管采用DN150管，在合适端设置消防泵房，并在主管进出消防泵房位置设置阀门；临水主管布置以不超过100m一个消火栓的原则设置消火栓；临水竖支管采用DN32管，临水横支管采用DN20管，设置间隔以满足使用要求为宜，且临水竖支管及临水横支管两端均设置取水阀门；临电采用电缆穿镀锌钢管埋地至现场各施工二级箱，二级箱至施工区域间以"就近原则"进行布置，施工时由二级箱引线至施工三级箱。

2. 临时场地

在建设场地内部东侧设置北侧钢筋模板加工区、南侧钢筋模板加工区两处钢筋模板加工区。占地面积1639.32m²、3809.69m²。在施工期间待A~I区施工完成后，随J区施工进度由北至南逐渐退场。在场地西侧临时增加一块场地，作为项目的应急材料暂存场地。

3. 临时道路

项目利用组团间空地较大，将市政管线布置在道路两侧，尽量减少穿越道路。施工时，在场区平整完成后，提前铺设完成场内所有正式主要道路的水稳层，作为项目施工期间的临时道路，满足施工车辆、运输车辆的通行需求，道路面层施工前，再对破损的基层进行修复，待建造基本完成后，再进行面层施工，达到永临结合，节约成本，缩短工期。

4. 办公区、生活区

办公区、生活区设置在建造场区西侧，占地面积19992m²，采用标准箱式房搭建。

3.4.6　快速建造

1. 地基与基础施工

工程量大，任务重。现场地基处理面积约12万m²，土方量约10万m³，混凝土约2.5万m³，钢材约1.2万t，现状场地南侧需要迁移大量树木，需改移场内管线，西侧低压线路及线杆需要拆迁，东侧两个高压线铁塔需要防护，建筑垃圾、生活垃圾等需要清运出场。同时，工期紧，全是露天作业，天气对施工影响大，留给场平的时间非常短。

（1）因势利导，土方平衡

1）现状地形北高南低，在设计时就因势利导，根据土方平衡计算及少开挖原则，结合场地实际情况，差异化设计建筑正负零标高（图3.4-6、图3.4-7）。

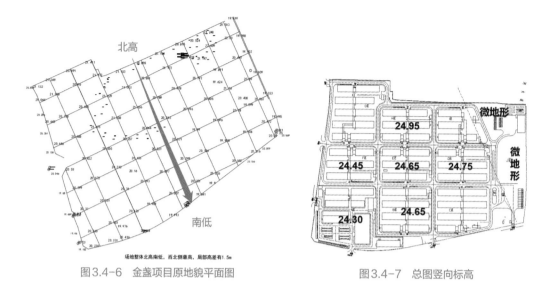

图3.4-6　金盏项目原地貌平面图　　　　图3.4-7　总图竖向标高

2）充分利用 J 区预留地定位。采用挖高填低的方式平衡土方量，将多余土方优先运至场内 J 区，做到土方尽量不外运。后期绿化、广场等需要土方，再从 J 区内倒回现场进行回填（图 3.4-8~ 图 3.4-10）。

图3.4-8　施工前原场地地貌

图3.4-9　施工过程中场地图片

图3.4-10　施工后场地图片

3）夯压施工时，尽量做到夯压区标高统一，为后续施工提供平台。夯压施工时，同时做好交接面细部处理，综合考虑室内、室外、环形路、场外道路标高的合理衔接，确保室外管线、道路坡向及坡度的合理性。

（2）因地制宜，精准筹划

1）选择合理的地基处理方法：根据地勘报告，场地表层存在大量杂填土，需处理地基。可供选择的地基处理方案有换填法、挤密桩法、压实地基法等。根据场地现状，精准筹划，综合考虑工期，结构形式，机械设备等因素，最终选择碾压法和振动压实法，避免了桩基类机械施工工序复杂，周期长，换填法工程量大，不易快速施工等缺点，实现了地基处理的快速施工，保证了后续建筑基础的快速实施。

2）坚持环保理念，再生料沟塘换填处理：场地北侧外围有两处污水塘，需要进行换填处理。项目坚持环保理念，采用建筑垃圾生成的再生材料回填处理沟塘，施工方便，安全环保，验收一次合格，加快了进度（图3.4-11）。

3）精准设计基础：将箱式房基础设计为标准尺寸，方便工人快速熟悉图纸，合理配置模板，周转使用，加快基础施工进度；为防止箱式房中部挠度过大，增加素混凝土墩柱，降低工程量，减少钢筋绑扎、混凝土施工等，加快施工进度。

图3.4-11　施工过程中场地图片

4）精准设计综合管廊：通过精准筹划，在筏板与箱式房之间设计综合管廊。也就是将条形基础设计成900mm高，利用条形基础将室内外以及上下隔断，形成综合管廊。管廊内可进行各类管线布设，900mm高空间适中，既方便检修，又可避免冻土层需做埋深处理的缺点；不仅满足设计功能，还方便施工与检修，实现了快速建造（图3.4-12）。

图3.4-12 综合管廊

（3）优化工序，快速实施

优化施工工序，进场后快速进行场地平整、地基处理、基础施工等，极易形成有序的流水作业。

1）免垫层施工：根据箱式房自重较轻以及基础无防水要求的特点，采用无垫层筏板基础，减少施工工序，利用灰砂砖作为筏板保护层垫块，加快了施工进度。

2）减少钢筋种类，采用快易连接方式：通过合理减少钢筋种类，将筏板及基础钢筋合并为三种规格，采用绑扎搭接的快易连接方式。可以避免因钢筋规格多而采购困难，现场施工容易出错等弊端；同时，避免了使用其他连接方式可能出现的试验周期长、影响现场施工等不利因素，加快了施工进度。

3）提高基础施工精度：通过在箱式房与基础交接部位提前设置预埋板，提高基础标高及平整度的施工精度，避免因基础偏差出现的返工等，保证后续箱式房的快速安装。

2. 箱式房施工

项目共设计7845个箱式房，每个箱式房就是一个工作面。箱式房尽早就位，可为室内、室外、上下管廊、金属屋面、室外道路、园林绿化施工创造便利条件。因此，箱式房安装是关键工序。箱式房安装进度，直接决定了工程总体进度。

（1）整装进场、快速就位

箱式房采取场外整体拼装成形，整体运输，到达现场后整体吊装就位的方式进行施工。整装进场安装，极大缩短了箱式房在现场的拼装时间以及场地占用难题，提高了项目的整体施工进度（图3.4-13）。

图3.4-13　箱式房安装

（2）合理布局，有序安装

箱式房采用从一侧向另一侧、从下向上的顺序进行安装。吊装完成一侧箱式房之后，安装走道箱，再安装另一侧箱式房，避免两侧箱式房安装后，走道箱安装困难或无法安装。一层吊装完成后，进行调平锁定后，再逐次吊装二、三层（图3.4-14）。

（3）错序施工、增加通道

箱式房吊装高峰期，9个组团内共有60多台起重机、200余台运输车同时作业，同时有混凝土、土方、材料运输车辆穿

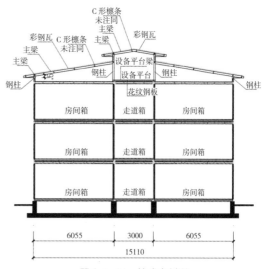

图3.4-14　箱式房剖面

插作业。场内交通畅通、施工有序是快速安装箱式房的重要条件。为此，筹划项目时，将组团内的连廊基础、电梯基础等后置错序施工，这样就为场内增加了32条12m宽的通道，为8天内吊装7845个箱式房，日最高峰吊装1900个箱式房创造了重要条件。

同时，在政府主管部门的支持下，增加主通道。除了场地西侧的一个大门，在南北方向各增开1个大门，扩充到3个大门；在南侧增开3个大门，这样就增加了主通道，实现了"三纵三横"的现场交通主干线筹划，为项目快速完成建造任务提供了极大的帮助。

（4）永临结合、保证通行

项目通过筹划，采用永临结合的思路。设计时，利用组团间空地较大，将市政管线布置在道路两侧，尽量减少穿越道路。施工时，在场区平整完成后，提前完成场内所有正式主要道路的水稳层铺设工作，可用作项目施工期间的临时道路，保证吊装机械及运输车辆通行顺畅，加快了项目施工进度。

（5）严控流线、减少交叉

项目通过筹划，将项目西侧分为北、中、南三个大的进场线路，将项目南侧分为东、中、西三个大的出场线路，作为主要交通线路，进出场路线相对独立，互不干扰。起重机及运输车辆停放在组团内箱式房之间的次要线路上，不得占用主要交通线路，减少交叉，以保证主要交通线路畅通。为保证现场内部道路交通顺畅，禁止 17.5m 及以上超长车辆进入施工区域（图 3.4–15~ 图 3.4–17）。

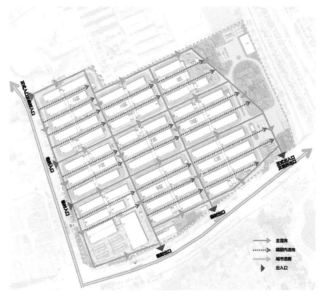

图 3.4-15　箱式房吊装总体流线图

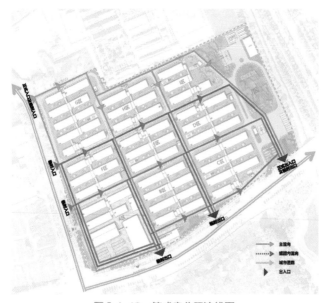

图 3.4-16　箱式房分区流线图

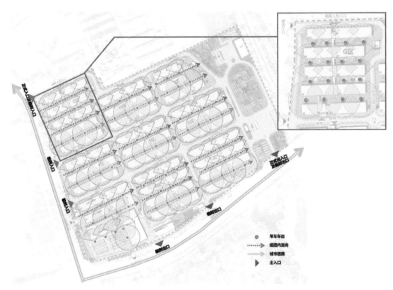

图 3.4-17 箱式房吊装设备布置图

（6）应急暂存、有备无患

通过筹划，在项目外部西侧增加一块临时场地，能够暂存约 500 间箱式房，便于箱式房的暂存、改装、倒料等，为后期 24h 抢工提供了很大支撑。

（7）场外疏导、确保畅通

项目积极与交管部门协调，确保场外运输道路畅通；成立交通指挥专班，负责协调场内外的交通指挥工作；要求 17.5m 及以上超长车辆不得直接入场，必须在场外应急材料暂存场地更换小型货车后进场；各个场区入口处均有箱式房厂家交通管理人员负责接收、指挥本单位车辆入场；同时，设有流动指挥员，随时进行疏堵工作。通过进行场外疏导和场内组织，尽最大可能保证箱式房吊装效率，为 8000 套箱式房短期内实现快速安装创造了条件。

3. 金属屋面施工

金属屋面作为箱式房安装的紧后工序，为安装屋面管廊内的机电设备管线提供封顶封围条件，是关键工序，金属屋面工程的建造时间可以决定项目的总体进度。

（1）选定方案，深化先行

根据各方要求以及功能要求，选定金属屋面设计方案，然后进行钢结构和屋面板深化设计。运用 Tekla Structures 深化设计软件，建立三维实体模型，并根据模型对构件进行放样，生成布置图、构件图和零件图，保证现场快速有序进行。

（2）优化工艺，合理加工

充分发挥钢结构装配式的优势，将重点放在加工厂，组拼单元尽量大，将常规施工时的零星构件在工厂合并加工，金属屋面板及节点模块化加工，多采用螺栓连接形式，现场尽量整体吊装。

（3）提前备料，分批入场

根据现场实际安装进展，在工厂提前备料，按照现场安装顺序和安装需要来制订运输计划，同时分单元成套供货，分批进场，与加工厂建立紧密的联系，及时调整供货需求。

（4）精细划分，分区安装

金属屋面钢框架采用装配式钢结构施工，钢框架采用工厂加工、现场分片安装的施工方式。安装顺序为先安装中跨底板，然后安装中跨门式钢架，再安装两侧边跨钢架，最后安装檩条（图3.4-18）。

图3.4-18　钢屋面框架

钢框架施工完成后，安装金属屋面板。屋面板共有11种颜色，每栋建筑有3~4种颜色；为保证金属屋面板施工顺畅，提前将各楼座对应屋面板分拣、运输至各屋面施工区域。

4.集成卫浴快速施工

（1）BIM技术辅助施工

通过采用BIM辅助设计施工技术，对集成卫浴进行了整体布置设计和模块化安装设计，确保其设计合理先进，可加快建造进程（图3.4-19）。

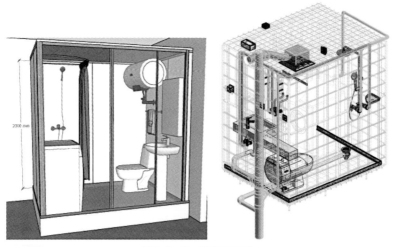

图3.4-19　卫浴三维图

（2）加强调配，确保供应

本项目共有5000余套集成卫浴，由于工期紧张，工厂备货产品数量不足，单个工厂无法同时全部供应。项目利用集团全产业链优势进行资源整合，加强调配，与全国主要合作工厂进行沟通，制订合作计划，合理分配任务，依据项目供货计划整合各方资源，各工厂依据任务紧急排期，加工与生产分工明确，确保供应，运输准时，到货齐全。

（3）规范管理收货、出货

由于产品运输车辆属于大型货车，需要在晚上特定时间才能进入北京市区，特成立夜间收货小组，进行倒班收货。人员依据值班计划表、工厂发货车次以及车次运输实时位置，对到达产品清点车牌、货物单据、货物数量及种类等，夜班小组同时负责货品卸载后的分类放置，保证白天各单位的分拣工作顺畅进行（图3.4-20）。

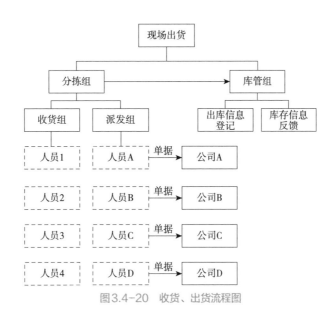

图3.4-20 收货、出货流程图

出货集中在白天，集成卫浴厂家组建专一的发货小组，专一负责各组团集成卫浴零部件发货，系统、完整地统计产品的领取情况，并实时监控库存数量，避免各组团因领取缺失而影响现场进度。

（4）科学分拣，准确配置

针对集成卫浴配件种类过多、分发时易出错等问题，需设置专一的分拣场地，科学分拣，准确配置，确保分发合理，安装顺畅。

（5）巡查指导，提质增效

为保证安装效率与安装质量，设置整体卫浴技术专项小组，负责技术培训和现场巡查指导，及时总结安装过程中存在的问题，并实时进行指导，不断提高集成卫浴安装质量。现场配合指导流程见图3.4-21。

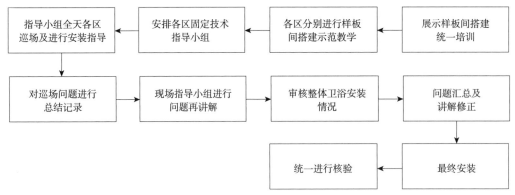

图3.4-21 现场配合指导流程图

5.机电设备安装

（1）BIM引领

通过利用BIM技术，提前进行样板间策划及管线综合排布，对样板间进行全专业、全细节的样板展示，有利于大规模、批量化的机电施工，保证最终的建筑空间。隔离病房系统不同于一般公共建筑和住宅，空间小、系统多、管线多是其特点。项目在进场初期即完成BIM建模工作，包括各专业管线综合排布、阀部件布置、支吊架布置、穿墙穿楼板洞口布置和结点细部做法等；在中期通过可视化交底、工序优化、二维码等技术手段，指导现场有序施工。

（2）预制加工

依据数字化模型，提高预制比例，支吊架、标准段管道阀组、设备基础等均提前预制加工、现场组装，集成卫浴及其给水排水支管模块化安装，减少现场作业时间，提高安装效率和安装质量，保证整体施工进度。

（3）提前就位

发挥集团产业链优势，材料提前进场，预留受限空间的材料，屋顶设备在屋顶板完成后即吊装到位，保证各工序、各工作面不闲置。

（4）材料收发标准化

本项目材料种类和数量众多，建立材料收发标准化管理制度，在材料收发过程中，对材料总量、各单位需求量、各单位领取量、库存量等信息及时进行核实和更新，保证材料发放准确，保证现场施工进度和施工质量，杜绝因某些单位错领、漏领或多领等而造成现场施工停滞、施工质量不合格等情况。

（5）安装标准化

对相同楼座、相同部位、相同构件进行标准化的设计、备料和安装，保证工程质量标准化，防止后期返工。

（6）平行施工和流水施工结合

通过任务分解与优化，将各楼栋、各相同流水段等满足条件的施工内容平行作业，加快工期，为后续工序创造作业条件；不能平行作业的施工内容，要形成流水作业，缩短工序之间的衔接时间。

6. 市政园林快速施工

本项目景观施工面临工期短、非正常季节种植以及与其他专业交叉施工多等特点，要使夏季绿化苗木、花卉地被的反季节种植，有机覆盖物铺设等多项施工内容实现快速建造，不仅要保证植物的成活率达标，还要保证多彩有机覆盖物铺设，快速提升绿地景观效果。

（1）提前筹划，确定方案

工程涉及微地形整理、反季节绿化种植、有机覆盖物铺设等重点内容，提前筹划项目，编制专项施工方案，合理安排施工工序，明确质量控制要点及成品保护措施，确保工程施工质量。

（2）整合资源，精确穿插

组建专业的管理团队，组织充沛的劳动力，整合苗木、有机覆盖物等资源，做好精确测算，依据现场各专业管线、钢结构屋面、电梯等施工进度，提前介入，精确穿插，平行施工，加快园林景观工程各环节的建造速度。

（3）样板引路，一次成优

在施工时，坚持样板引路，一次成优，将微地形整理、反季节绿化种植、有机覆盖物铺设等重点工作，提前做好样板，经各方确认后，方可展开大面积施工。做好精心施工，确保一次成优；同时，与建筑、市政交叉施工时，应及时对已完成的新植苗木、草坪及有机覆盖物等区域采取有效的成品保护措施，减少返工，加快施工进度。

7. 综合楼快速建造

A区综合服务楼，功能复杂、建筑品质高，建筑层数为1~3层不等，采用500mm筏板基础；结构采用钢框架结构形式，抗震设防等级为8度，安全等级为二级，重要性系数为1.0（图3.4-22）。

（1）科学划分，同步施工

根据工期要求及现场施工情况，提前对施工工艺进行优化。吊装时，由传统的一柱两层分段变为一柱三层，减少分段焊接，缩短施工工期。采用合理的安装顺序，横向按照从中间向两侧的顺序施工，纵向按照从两侧向中间的顺序施工，三台汽车起重机同时

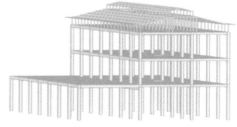

图3.4-22 A区综合楼结构模型

进行施工作业，平行施工，确保施工进度。

（2）多专业配合，协调并进

钢筋桁架楼承板，随着楼层钢梁吊装焊接完成后，逐层进行吊装。楼承板安装完毕后，进行钢筋绑扎及水电的预埋施工，在下一层楼承板吊装之前，浇筑本层楼板混凝土。

（3）砌筑作业，及时穿插

钢结构主体框架施工期间，在局部楼承板混凝土浇筑完成，且上层楼承板安装后，组织砌筑队伍突击施工，以最大效率实现快速建造。砌筑作业完成后，及时进行室内装修施工。

（4）外墙围蔽，一体安装

根据工程特点，设计摒弃了常规的砌体围护，选用了檩条保温复合型一体金属夹芯板外墙，以达到更好更快完成围蔽的目的。室外一体化墙板安装与室内装修同步进行，预留窗洞口等位置做法与室内装修施工协调进行，避免后续出现返工的情况。

（5）提前储备，有序进场

对于室内装修所需要的材料，如静电地板、纸面石膏板、矿棉吸声板等，以及室外装修所需的外墙一体板，根据施工图纸及设计意图，及时绘制深化图纸，寻找材料样板，待甲方及设计确认后方可制订采购计划，提前订货，避免出现窝工现象。

8. 消防系统快速施工

按照消防主要大宗设备由总承包采购，其他设备由二级单位采购的原则，发挥各单位的供货渠道优势，同时提前采购普通设备材料。提前与设计沟通普通材料（如电缆、阀部件等），了解设计意图，及早采购常规材料，加快施工进度。

本项目通过快速建造筹划整个消防系统，创新性地将无线消防报警系统与传统的有线消防报警系统结合，保证了消防系统的完整性、有效性、严谨性和安全性，充分体现了"预防为主，防消结合"的消防安全工作精神，也有效地保障了项目整体的进度要求，并最大限度地节约了业主投资，方便后续运营管理，有效节约运营成本。

第 4 章
土建工程设计及施工技术

4.1 总体规划

4.1.1 规划设计要点

北京金盏集中隔离医学观察点项目作为大型隔离点应急项目，为了实现"满足防疫、平疫结合、造价控制、快速建造"的基本设计原则，在规划阶段针对"体量大、标准高、功能需求多等诸多要求"进行针对性的设计，进而形成了本项目独特的规划特点。

1）总体布局方正规整，整体呈现"井"字形布局。

2）"工作准备区"应考虑地区主导风向的影响，避免处于隔离区的下风向。

3）尽量多设置市政开口，为园区的紧急疏散与转运预留条件。

4）顺应自然地势，合理设置竖向标高，减少土方工程量，缩短施工周期。

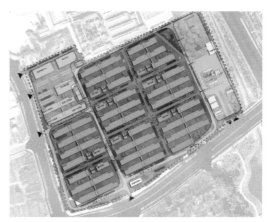

4.1.2 规划布局

基于以上规划设计要点，经过多轮方案研讨，本项目整体规划最终分为三个区域，分别为位于西南角的"工作准备区"（A区）、位于中部的"隔离区"（B~I区）以及位于东部高压走廊下方的"预留及附属设施"（J区）（图4.1-1）。

工作准备区（A区）设置于地块西南角，临近规划地铁3号线高辛庄出入口，可形成园区良好的对外形象，为后期发挥服务区功能提供便利条件。本区域设置有综合办公楼、餐饮中心、物资储备中心、工作人员用房和卫生通过区，主要满足园区专班指挥工作、办公人员住宿与餐饮、隔离人员配餐、生活办公医

图 4.1-1　布局演变过程

疗物资的仓储及园区指挥中心等重要功能，是整个园区的工作保障核心区域。

"隔离区"（B~I区）设置8个隔离组团，每个组团设置500间左右隔离用房，全区共设4015间隔离房间，604间医护工作人员用房。每个组团通过室外走廊将医护工作站、卫生通过区和隔离用房相互贯通，每个组团内还配置有一处快递暂存间和垃圾暂存间。各组团通过合理布局医护工作站、卫生通过区、快递暂存间等用房，南、北两组团相互对应，将医护人员出入口和工作人员出入口，物资入口和快递入口分别结合在同一侧，有效利用洁净通道，最大限度地避免与半洁净通道交叉。

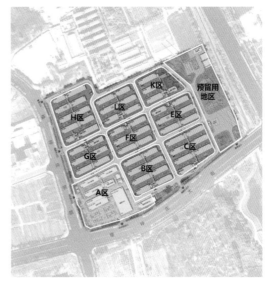

图4.1-2　总平面分区图

"预留及附属设施区"（J区）利用东侧110kV高压走廊下方无法大规模建设的区域，设置登记接待中心、加氯间、洗消工作间、大巴车停车、电瓶车停车区域和门卫等辅助用房（图4.1-2）。

4.1.3 竖向设计

由于项目时间紧、任务重，坚持随坡就势设计原则，在拿到测绘的现状地形图时，施工设备已进入场地准备平整场地。为合理确定竖向标高，结合现状地形图中的高程点、地勘资料和现场踏勘，明确了项目竖向设计的原则：随坡就势，实现场地内土方平衡（图4.1-3）。

尽量减少土方工程量和基础工程量。由于本项目场地的原始地形绝对高差的平均值为0.9m，除局部有水坑和堆土之外，基本属于平缓地形。因此，场地的设计标高尽量与自然标高接近。

1）场地设计标高应与所在区域、相邻现状和道路的标高相适应综合考虑，场地竖向设计采用平坡式布置方式，将道路坡度控制在0.25%~1.00%。

2）保证场地不被洪水淹没，且使场地雨水能够迅速排出，场地设计标高均高于周边市政道路及河堤的绝对高程，可有效阻止雨水进入场地，符合设计防洪要求；在50年内涝防洪标准条件下，场地受内涝的影响不大。

3）满足场地内外交通要求，结合本项目隔离点的进出需求，保证场地出入口与城市道路顺接。

图 4.1-3　室外场地平整标高

4）考虑基槽余土和土壤松散系数的影响。

4.1.4　流线设计

根据防疫要求、功能布局、使用环境，将道路定义为洁净道路、半洁净道路和洗消通过道路三种。洁净道路主要为工作人员使用的道路；半洁净道路主要为一定时间段可能受隔离人员入场干扰的道路；洗消通过道路供接送隔离人员的大巴车经洗消后进入洁净道路驶出园区。

1.隔离人员入住流线

按人均接收时长 1min，每车 25 人计算，每车接收时间为 0.42h，因此，组团前场蓄车 2~3 辆为宜。每栋建筑 99 人，办完入住需 1.5~2.0h。

大巴车通过东北角的入口直行或右转后沿外围"半洁净道路"到达隔离组团，运送完隔离人员后，从 D 区东南角驶入大巴洗消场地，经过车厢内外的彻底消杀后，往南通过南侧中部的出口驶离园区。

每个隔离组团均设有隔离人员等候场地，其中，B、C、G、H、I 区设置在组团北侧，D、E、F 区设置在组团南侧（图 4.1-4）。

2.阳性人员转运流线

如果隔离人员中出现阳性人员，指挥部应立即联系救护车进行转运。救护车通过西北侧的入口进入，从隔离区接上阳性人员后，就近通过西北角或东南角的出口驶出园区；救护车在园区内只能利用半洁净道路行驶（图4.1-5）。

图4.1-4　隔离人员入住流线

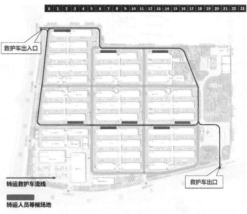

图4.1-5　阳性人员转运流线

3. 隔离人员离开流线

隔离人员结束观察期后离开园区时，由专门的大巴车接送，接人大巴车通过西侧中部的入口进入园区道路，在 F 区东北角的路口处直行或右转能达到各个隔离组团，再通过南侧中部的出口驶出园区。接人的大巴车全部在洁净道路区域行驶，与隔离入住人员分离。接送时间控制在 9 点至 11 点和 14 点至 16 点（图4.1-6）。

4. 同时运作叠加流线

当隔离人员入住与离开同时发生时，将利用洁净道路组织离开人员，可最大限度地避免其与入住人员发生交叉。在极端情况下，通过组团内部的有效组织的前提下，同一组团可同时入、离，以提高接待效率（图4.1-7）。

图4.1-6　隔离人员离开流线

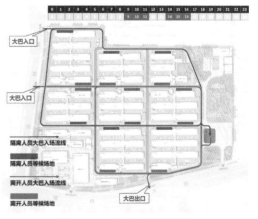

图4.1-7　同时运作叠加流线

5. 送餐流线

每天的 8 点、12 点和 17 点为送餐时间，送餐车通过 A 区的餐饮中心将打包好的餐食利用洁净通道配送至各个隔离组团，与隔离入住人员不发生交叉（图 4.1-8）。

6. 生活物资、快递配送流线

园区为隔离人员准备的物资主要有满足基本需求的生活物资和隔离人员自行购买的物资，生活物资由内部车辆通过 A 区"物资存储中心"进行配送；隔离人员自行购买的快递等物资通过南侧的"快递暂存间"由管理人员消毒分拣后，配送至各个隔离组团的快递暂存间，再由楼栋的管理人员送至房间。物资配送流线全部利用洁净道路，与隔离入住人员不发生交叉（图 4.1-9）。

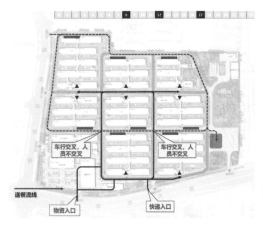

图 4.1-8　送餐流线

图 4.1-9　生活物资、快递配送流线

7. 夜间垃圾流线（图 4.1-10）

垃圾车在每天夜间的 22 点至次日凌晨 1 点之间清运垃圾，垃圾车通过西北角进出园区，按规定时间及路线行走。

8. 主要活动时间对照（图 4.1-11）

"入""离"流线不交叉，故可同时进行，大大提高运作效率。

"入""物"流线分离，可在每天 8 点至 20 点不间断组织入住。

"离""物"流线交叉，宜错开餐饮和配物时间安排解除人员离开。

垃圾清运在夜间进行，与其他活动时间错开。

图 4.1-10　夜间垃圾流线

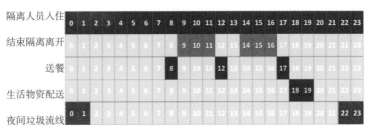

图 4.1-11 主要活动时间对照图

4.2 建筑设计

4.2.1 建筑设计特点

本项目作为应急集中隔离观察点，在满足疫情防控要求的前提下，保障建设工作快速、顺利实施成为设计重点。

1. 创新性设计理念

在建筑设计方面，本项目从防疫措施、设计概念到综合利用等方面进行了以下创新。

（1）"小组团、大防疫"的先进防疫理念

"小组团，大防疫"，最大限度减少内部交叉感染风险。

（2）以人为本的设计理念

细节的人性化、设施的智慧化设计，处处体现人文关怀。

（3）可持续发展的设计原则

平疫结合，厉行节约，做好项目规划和条件预留，最大限度地做好投资循环利用。

（4）适应快速建造的美学理念

建筑风格与功能相结合，对箱式房进行有限度装饰，简约但不简单。精准抓住重要的结合点，不仅满足建筑品质，还能达到快速建造、以快制快的建设目标，通过创意独特且辨识度高的色彩塑造独特的建筑风格（详见2.3节设计创新部分）。

2. 清晰的流线设计

隔离组团的内部交通组织与其他建筑有着显著的区别，在人流上，有健康人群（医护人员和后期服务人员）、隔离人员以及隔离解除人员；在物流上，则有货物、污物之分。不同流线组织不当，会引起交叉感染的风险。项目通过合理组织平面布局，在空间上设置医护人员、隔离人员、货物及污物流线；通过分时管控方式，最大限度地避免了不同流线的交叉，防止了因流线交叉而引起的传染。

3. 三级闭环管理

因新冠肺炎传染性极强，对疫情的防控是非常严肃而艰巨的社会任务，隔离点必须实施闭环管理，才能遏制疫情的传播，切断传播途径，保护易感人群。项目在硬件上设置了三级闭环管理系统。园区外围设置 2m 高围栏，围栏顶设置防翻越刺钉，为一级闭环系统；组团外围设置 1.8m 围网，每个组团独立运行，闭环管理，为二级闭环系统；功能房间的门设置门磁、窗户设置限位器、单元门设置门禁，为三级闭环系统（图 4.2-1~ 图 4.2-3）。

图 4.2-1　园区外、组团外分别设置栏杆

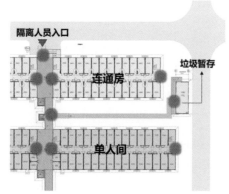

图 4.2-2　楼门设门禁、楼栋公区设无死角监控

图 4.2-3　房间内闭环管理系统

4. 标准化设计

为了保障项目能够快速实施，项目选用集装箱房作为隔离用房主体，通过大量箱式房的标准化设计，可轻松实现模块化拼装。使项目得以快速实施，并合理优化管材、线材型号及规格，加快施工进度。

5. 设备管线隐蔽处理

本项目旨在为使用者营造舒适的居住体验，在安全、经济合理、满足使用需求的前提下，提高居住品质，高度体现建筑师的职责及追求所在。设计之初，便将方案确定为室内电气管线隐蔽处理。卫生间设置在走道两侧而非建筑外立面，设备主管线通过基础夹层与室外管网衔接，屋顶设置设备平台，与坡屋面结合，实现外立面完整、内部管线布置合理的要求（图 4.2-4~ 图 4.2-6）。

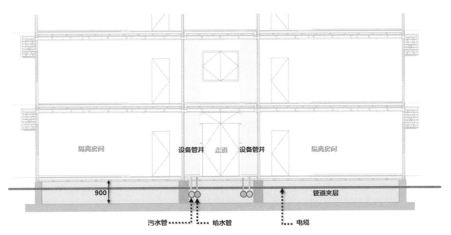

图4.2-4 设备夹层示意

图4.2-5 基础空腔

图4.2-6 基础空腔管线埋设

　　为避免隔离人员之间发生交叉感染，以及医护及其他工作人员之间发生交叉感染，保障隔离人员、医护及其他工作人员的安全，隔离房间卫生间排气需经集中净化处理后高于屋面排放。因此，考虑将屋面风机及风管结合坡屋顶统一考虑，坡屋顶采用高低屋面处理，两个屋面坡度一致，保证了屋面的完整性；中间小屋面高出屋面2.2m，满足设备安装、检修需求，中间空隙直接设置防雨百叶，既满足了屋顶设备的通风及散热需求，又可以防止因飞鸟进入屋面而对设备造成损坏（图4.2-7、图4.2-8）。

图4.2-7 屋顶设备平台

图4.2-8 屋顶平面

4.2.2 建筑选型原则

疫情之下，隔离点的建设是一场与时间的赛跑，项目必须在最短时间投入使用。可复制性强、可实施性高、施工措施简单、建造速度快、经济成本合理是隔离点项目综合考量的要点，因此项目初始即确定采用装配式结构形式。

考虑项目的其他功能需求和使用性质定位，采用集装箱和钢结构拼装两种装配方式。

集装箱可复制性强，可重复利用，施工速度快，既能保证施工效率，节省施工措施，又能满足质量需要，有效降低成本，成为隔离用房首选装配式技术体系。统筹规划与设计，将建筑产品化，集装箱及部件部品全部采用工厂预制加工、现场拼装，极大地缩短建设周期。因集装箱箱体上部荷载较小，对地基承载力要求较低，极大简化了地基处理和结构基础的设计与施工流程，进一步减少工程建造时间。

工作准备区综合办公楼、餐饮中心、物资存储中心，因单体功能复杂，对空间要求较高，集装箱无法满足其功能要求。而钢结构体系大多在工厂制作，运至现场安装，现场作业量少，因此可大大缩短施工周期，满足本项目快速建造的需求；采用大开间、大进深柱网的钢结构建筑，可以灵活分隔出大空间，满足不同的使用需求。

在设计过程中，设计团队协同施工单位对各个环节进行把控，最大限度地实现了项目的标准化、模块化、装配化和集成化，最终在20d完成整个项目的设计施工交付，充分体现了装配式建筑快速建造的优势。

4.2.3 平面布局及流线设计

1. 隔离组团

隔离组团平面采用"王"字形布局，标准组团由1栋医护工作站、1个卫生通过区、5~7栋隔离单元、1个快递暂存间及1个垃圾暂存间组成。"王"字形格局的每一翼为独立的一栋楼，由室外连廊连接不同的隔离单元。每栋楼设置两部楼梯，采用内走廊两侧布置房间的形式（图4.2-9）。

每个组团选择特定的一翼作为医护工作站，其余楼栋为隔离单元，采用南北向的室外连廊连接两翼的隔离用房。医护工作站和隔离用房之间设置卫生通过区。医护工作站与卫生通过区、卫生通过区与隔离用房之间采用室外连廊进行连接（图4.2-10）。

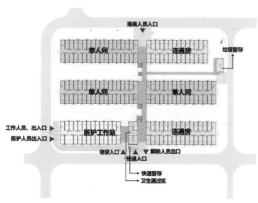

图4.2-9 组团平面布局

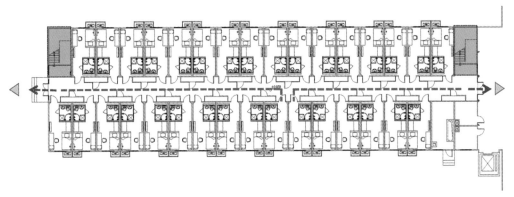

图4.2-10 隔离单元平面布局

（1）医护工作站

医护工作站是医护人员和后勤人员办公、生活的地方，因医护工作人员和后勤服务人员的工作性质、服务时间及接触隔离人员的情况不同，为避免互相打扰、互相影响，从楼层划分上，将医护人员和后勤服务人员的活动区域分开，首层为医护工作人员用房，二、三层为后勤人员用房，在首层设置各自独立的出入口，做到同一栋楼内的人员互不见面。

运营时，医护工作人员须提前入住医护工作站，进行集中学习、培训，做好准备后，等待隔离人员的到来。每一组医护人员要在隔离组团内连续生活工作一段

图4.2-11 医护人员活动区域

时间，在医护工作站外围与隔离单元之间的空地设置了围栏，划出一块独立区域作为医护人员的活动区域（图4.2-11）。

医护工作人员从医护人员入口进入医护工作站。工作时，在多功能厅穿防护用品，通过卫生通过间进入隔离区；工作结束后，通过卫生通过区的一脱、二脱、缓冲间回到医护工作站（图4.2-12~图4.2-15）。

图4.2-12 消杀流线

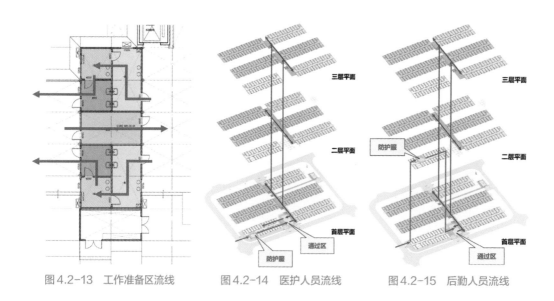

图 4.2-13　工作准备区流线　　　图 4.2-14　医护人员流线　　　图 4.2-15　后勤人员流线

（2）隔离用房

隔离用房采用内走廊两侧布置房间的形式。为避免相对房间在取餐、投放垃圾及进行其他隔离观察检查时同时开门，造成空气对流，发生疫情传播的风险，内走廊两侧房间门实行错位布置。隔离用房平面布局见图 4.2-16。

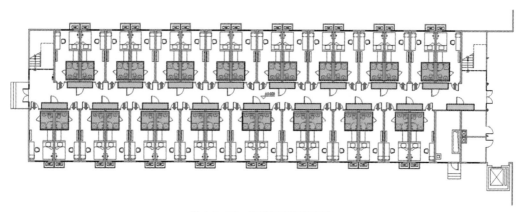

图 4.2-16　隔离用房平面布局

考虑到有 70 周岁及以上老年人、14 周岁及以下未成年人、孕产妇、患有基础性疾病等不适宜单独居住的人员的隔离需求，从人性化设计考虑，设置连通房。

（3）隔离人员流线

隔离人员由隔离人员入口办理入住登记后，通过隔离人员入口进入中间连廊，由中间连廊进入东、西两翼的隔离房间；隔离结束后，从隔离人员物资出入口离开（图 4.2-17、图 4.2-18）。

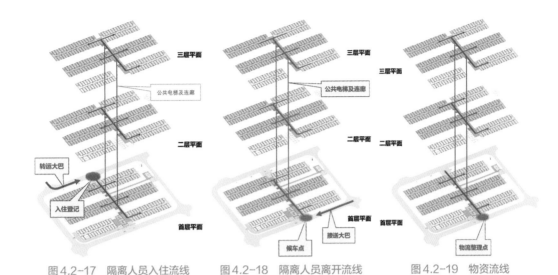

图4.2-17　隔离人员入住流线　　　图4.2-18　隔离人员离开流线　　　图4.2-19　物资流线

（4）物资流线

给隔离人员的物资通过中间连廊及连廊内的货梯进行发放（图4.2-19）。

2. 附属设施

快递暂存间：从人性化角度考虑，为隔离人员设置了接收快递的服务，每个隔离组团设置1个快递暂存间，满足1天的快递存放需求。快递从园区外的快递分拣区统一分拣，分拣后，由工作人员分发到每个组团的快递暂存间，然后由组团内的工作人员转交给隔离人员（图4.2-20）。

图4.2-20　快递流线

垃圾暂存间：将隔离点的垃圾定义为医疗废物，其危险性高于普通垃圾，根据运营单位的组织策划方案，垃圾要日产日清，在24h内由专用垃圾车将垃圾转运处置；本项目根据运营单位既有项目经验计算得出，按照500人设置3个集装箱的标准进行设计，满足隔离组团内的垃圾存放1天的需求。各层垃圾从每个隔离单元收集后，通过中间连廊上的污物梯统一运送到垃圾暂存间。从安全防疫角度考虑，每个垃圾暂存间设置一个开向组团内的门，一个开向组团外的门，门前设置垃圾车停靠

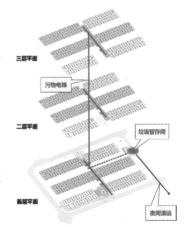

图4.2-21　暂存间垃圾转运流线

区域，在垃圾车到达时，垃圾车内的人员不下车，由组团内的后勤人员将垃圾搬运到垃圾车上，统一运走。做到组团内闭环管理，组团内和组团外的服务人员互不见面，以减少交叉感染的风险（图4.2-21、图4.2-22）。

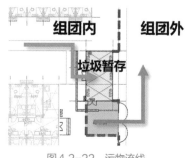

图4.2-22 污物流线

电梯：隔离最短时间为7d，每个隔离组团设置多部，方便隔离人员入住。

电梯设置在组团中间的室外连廊，一部电梯同时可服务同一排的两栋楼，降低室内空间交叉感染的风险。电梯包括1部货梯（兼担架梯）、1部污物梯以及客梯，客梯数量按照每服务100人设置1台的标准配置，原则上一个组团不少于4部电梯。

3. 工作准备区

综合办公楼按南北方向布置，餐饮中心按东西方向布置，两栋建筑共同围合形成办公区广场，供办公人员日常活动及停车使用。物资存储中心在工作准备区东南侧临路布置（图4.2-23、图4.2-24）。

图4.2-23 综合服务楼立面

图4.2-24 餐饮中心立面

综合办公楼首层的主要功能为园区专班办公区（包括办公室、开敞办公区）、园区指挥中心和大会议室；二、三层均为专班办公区（包括监控室、办公室、会议室、人文关怀室等）。

餐饮中心设置双厨房，为防疫用餐做到双保险。单独设置工作人员和隔离人员配餐加工处。

综合办公楼与餐饮中心二层设置连廊，使生产生活更加高效快捷。工作人员能方便地到达餐饮中心二楼的会议区及活动区，也为在恶劣天气条件下工作的人员提供风雨连廊。

物资存储中心为单层大跨度库房，用于储备整个隔离点的防疫物资；并单独设置独立区域，用于单独存储重要物资。

4.2.4 立面设计及优化

园区建筑立面处理从使用性质、结构形式分为两种类别：一种是由综合办公楼、餐饮中心、物资存储中心构成的工作准备区钢结构建筑；另一种是包括工作人员宿舍、卫生通过区、隔离组团及其他配套用房的集装箱式房建筑（图4.2-25）。

箱式房建筑是园区建筑的主体，承载了隔离点的主要功能，它的建筑规模也是最大的。箱式房的立面设计方案成为园区建筑立面设计的重点，也决定了园区建筑的整体风貌与风格。箱式房建筑作为施工临时建筑常用的建筑形式，从立面设计上存在以下天然的缺点：

1）色彩单调，基本上以白色为主。

2）形式单一、方方正正，箱子的外形尺寸、开窗大小等都基本一致。

3）材质单一，大部分箱式房外立面均为金属表面做白色喷涂。

在进行立面设计时，需要解决以下问题：

1）在组团的样式、规模过于雷同的情况下，提高组团的辨识度。

2）打破箱式房单调的色彩，给隔离人员创造舒适温馨的隔离环境。

3）箱式房自带的开窗太小，室内效果不好，做好品质提升工作。

4）处理立面空调机位，减少空调机、冷凝水管、冷媒管等对立面的破坏。

5）处理好屋顶风机和第五立面的关系。

6）立面方案需要保证能够快速实施。

设计团队带着需求认真分析箱式房的优缺点，对多种方案进行比选，最终形成了金盏项目的立面方案设计原则：首先确定给每个组团赋予一个主题色，既然在形体上难以得到突破，就在色彩上多做发挥。这样既提高了组团辨识度，也给整个隔离点增添了活力，并且形成了"七彩家园"的主题概念。其次，在屋顶加彩钢板钢屋面（图4.2-26）。既能对屋顶风机进行有效遮挡，也提高了箱式房的屋面防水性能，坡屋顶局部做双层，解决屋顶风机排风，屋顶形式也更加丰富。最后，将箱式房的原有白色塑钢窗改造升级为断桥铝合金框Low-e中空玻璃的落地窗，使得室内更加明亮通

图4.2-25 集装箱式房

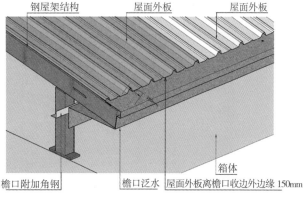

图4.2-26 彩钢屋面檐口做法

透，也提高了外窗的保温隔热性能。接下来的工作就是确定组团色彩，涂装方式、空调外机位置、坡屋顶高度、出沿大小、檐口及侧山墙处理方式、开窗宽度等细节问题（图4.2-27）。

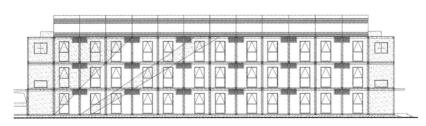

图4.2-27　集装箱式房立面涂装、开窗、空调机位调整

以空调外机位置为例，空调外机常规布置在每层箱体的底部位置。存在的问题是，空调外机的管线无论是从顶部底部进入室内，还是从顶部进入室内，都会有一长段管线露明，需要进行遮挡处理。另一种是直接布置在每层的箱体的顶部，优点非常明显，缩短了管线距离，只需结合空调外机进行遮挡，就可以很好地隐藏管线，简单实用，节约了造价和工期（图4.2-28、图4.2-29）。

图4.2-28　集装箱式房立面涂装、空调机位方案对比

结合第五立面的要求和"七彩家园"的理念，利用规律性很强的坡屋顶作画板，把彩虹绘于屋面，完美打造项目第五立面。项目也成为首都航道区高空俯瞰的标志性建筑群。同时，设计方案寄托了设计人员和建设者对隔离人员的美好祝福："风雨之后，终见彩虹"（图4.2-30、图4.2-31）。

图4.2-29　集装箱式房立面实施效果

图4.2-30　第五立面方案"彩虹"

图4.2-31　第五立面实景航拍

综合办公楼、餐饮中心、物资存储中心的立面设计，存在以下问题：

1）如何与园区整体风格呼应？园区提出了"七彩家园"的理念，色彩和第五立面成为设计亮点，作为综合服务区，本项目与园区应该协调统一。

2）如何体现建筑本身的特点？作为常驻人员办公的区域，如何体现现代建筑的品质感和品位。

3）在紧迫的工期下，如何保证立面能够迅速施工并且保证效果。

对于风格统一问题，选择用坡屋顶与整个园区第五立面保持一致，而色彩则选取黑白灰为主色调，这样既与园区呼应，也体现了综合服务区的功能特点；对于业主对建筑品质的要求，必须和工期问题综合考虑，多变的形体和开窗无法在短时间施工完成，从项目开始就被排除，而且短时间无法供货的建筑材料也被排除，最后大的方向就是在规整的形体和开窗前提下，选取常用、易于快速施工的材料进行立面设计。

综合办公楼采用了对称式构图，在规整的形体和规律的开窗条件下，用竖向窗套组织立面元素，形成秩序清晰、节奏明确的建筑形象。同时，采用白色复合墙板作为立面主要材料，施工方便，且效果可控，墙面局部喷涂深灰色，形成了对比强烈的视觉效果。结合深灰色的双坡金属屋面，办公楼的风格既与整个园区协调呼应，又体现了作为办公建筑应有的品质感和现代感（图4.2-32）。

图4.2-32　综合办公楼立面方案

　　餐饮中心风格与综合办公楼一致，也采用竖向窗套和双坡屋顶，和办公楼共同组成了沿广场完整的建筑形象，两栋建筑和谐统一，共同组成整个园区西南侧重要的展示界面。物资存储中心采用坡屋顶和白色复合墙板，根据功能设置高窗，整体风格也与前两栋楼呼应（图4.2-33、图4.2-34）。

图4.2-33　餐饮中心立面——与办公楼相呼应

图4.2-34　综合办公楼、餐饮中心效果图

4.2.5 建筑防火设计

本项目箱式房建筑的使用功能为集中隔离医学观察点的临时建筑，目前没有适用于此类临时建筑的消防设计规范，因此箱式房建筑参考执行《建设工程临建房屋技术标准》DB 11/693—2017 和《建设工程施工现场消防安全技术规范》GB 50720—2011。

由于箱式房的特殊性，项目消防更应注重后期的运营管理。

项目的地理位置较好，附近有两个车程在 10min 以内的消防站，一个是北侧的东窑消防站，距离 4.2km，车程约 10min，另一个是项目西侧的楼梓庄消防救援站，距离 2.5km，车程约 6min（图 4.2-35）。

用地内设置环形消防车道，每个组团周围设置环形车道；临时救援场地与消防道路兼用，道路宽度满足消防车正常操作要求（图 4.2-36、图 4.2-37）。

隔离组团内最长的单体长度为 54m，符合规范要求的"位于两个安全出口之间的房门距安全出口的疏散距离均不大于 25m"（图 4.2-38）。

1. 项目设两个安全出口，两个安全出口之间的距离均大于 5m，首层疏散楼梯距安全出口均不大于 15m，位于两个安全出口之间的房门距安全出口的疏散距离均不大于 25m，位于袋形走道的房门距安全出口疏散距离均不大于 15m。疏散楼梯在首层均有直通室外的出口。

同时，为了保障消防安全，区住建委组织召开了朝阳区金盏集中隔离医学

图 4.2-35 距离最近的消防站

图 4.2-36 场地设置环形消防车道

图 4.2-37 组团周边设环形消防车道

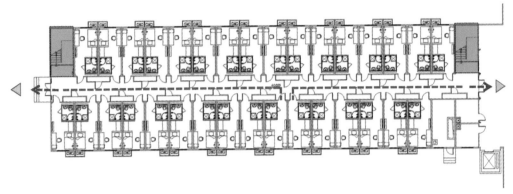

图4.2-38　隔离单元平面布局

观察点抢险救灾项目防火设计评审会，消防专家给出如下意见：

1）该项目为临时建筑，主要用于新冠肺炎接触者隔离观察，不属于医疗建筑，现行方案基本合理。

2）隔离区应设火灾自动报警及联动控制系统，火灾时，应取消门禁功能。

3）依据相关规范，完善防火单元建筑面积超过300m²的增强措施。

4）优化隔离区首层楼梯间和走道防排烟措施。

5）运营单位应在运营过程中加强消防安全管理，合理布局微型消防站，提高项目信息化管理程度，与辖区消防队建立联防联动机制。

6）该项目后期改变使用性质或功能，应重新按照相应国家工程建设消防技术标准进行防火设计。

2.针对项目的特点，和箱式房的特性，设计做了如下加强措施：

1）隔离区、工作人员宿舍配置消防软管卷盘（图4.2-39），保证任一点可有一股水柱到达。

图4.2-39　消防软管卷盘

2）内走廊均采用自然排烟，在走道两端均设置不小于2m²的自然排烟窗，且两侧自然排烟窗的距离不小于走道长度的2/3。

3）设置火灾自动报警消防联动系统。

4）按照火灾严重危险等级配置磷酸铵盐干粉灭火器。

5）设置微型消防站：项目在工作准备区综合办公楼内设置服务于本项目的微型消防站，每个隔离组团的室外连廊设置微型消防站器材箱，保证消防员能在火灾发生后3min内到达着火点，并处置火情（图4.2-40）。

对于本项目的消防设计方案，区住建委组织召开了

图 4.2-40 微型消防站

朝阳区金盏集中隔离医学观察点抢险救灾项目防火设计评审会，通过会议讨论，专家组认可项目的防火设计方案，并提出了优化意见："运营单位应在运营过程中加强消防安全管理，合理布局微型消防站，提高项目信息化管理程度，与辖区消防队建立联防联动机制。若后期改变使用性质或功能，应重新按照相应国家工程建设消防技术标准进行防火设计。"

4.3 结构设计

4.3.1 结构设计要点

本项目作为大型集中隔离医学观察点应急抢险救灾项目，结构设计面临建设体量大、建设标准高、建筑功能需求多、施工难度高、施工工期紧、工程地质条件较差等诸多困难与挑战。本着"满足防疫、平疫结合、造价控制、快速建造"的原则，本项目的结构设计特点主要表现在以下几方面。

1. 勘察测量和环境调研工作前置

在规划方案、建筑方案等前置条件尚不稳定的前提下，项目需开展前期地质勘察、场地测量、市政条件及周边环境调研工作，结构专业应第一时间提出合理技术需求，密切跟踪勘察测量过程和结果，将勘察和设计作为一个整体，以第一时间准确确定地基基础和结构方案为目标推动勘察测量和环境调研工作，为尽早开展后续设计并快速建造创造条件。

2. 结构选型与快速建造一体化考虑

整个项目设计及建设工期仅为 20d，因此，在进行结构方案选型、构件截面选择、施工工艺选择时，均应把快速建造作为首要要求。

工作准备区中的综合办公楼、餐饮中心及物质存储中心要求具有大开间、大进深、大层高，柱网尺寸大、荷载要求高，综合考虑采用钢框架结构。主要受力构件均采用热轧 H 型钢，楼板采用钢筋桁架楼承板，外墙及屋面分别采用集成式复合夹芯金属板墙及彩钢板金属屋面。

隔离区建筑及工作准备区的工作人员用房、预留区的隔离房间及配套用房均作为临时建筑使用，设计使用年限为 5 年。根据使用年限、功能需求和快速建造要求，本项目采用箱式房建筑形式。

3. 结构设计模数化、模块化、标准化

由于箱式房为工业制品，本身具有模块化、模数化、标准化的特点，为适应箱式房建筑特点，从建筑方案和结构方案，到结构构件、再到节点连接等细部工程，均需按照模数化、模块化、标准化的要求进行，不仅便于采购和批量生产，也利于工厂及施工现场大面积平铺作业，实现其基本功能及快速建造需求。

4. 结构一体化设计原则

（1）地基与基础一体化设计

地基与基础施工是保证工期的第一个关键节点，会对工程造价产生巨大的影响。由于本项目场地广泛分布厚度为 1.3~7.1m 的不均匀杂填土，地基与基础设计是结构设计的重难点之一。考虑到项目工期紧迫性，应改变常规岩土地基和建筑基础分别设计的方式，采取地基与基础一体化设计，由岩土专家和结构专家共同进行方案比选和论证，迅速确定采取浅埋筏板基础 + 振动碾压地基处理的方案，既可保证基础的可靠性，又可为快速建造打下坚实基础。

（2）箱式房基础和机电管廊一体化设计

本项目作为防疫隔离建筑，兼顾疫后利用，日后拟改造为青年公寓。其功能要求决定了机电系统复杂，管线繁多，对机电快速施工和后期运营维护提出挑战。结构专业综合考虑快速建造机电管线以及后期运维检修的需要，箱式房基础设计采用"筏板 + 地基梁"的形式，形成机电综合管廊空腔，并预留检修通道，为机电管线快速安装及后期检修预留条件。

（3）工作准备区钢结构和立面墙板一体化设计

本项目工作准备区综合服务楼、餐饮中心、物资存储中心三栋钢结构建筑，功能相对复杂，对建筑品质的要求较高。为实现快速建造，采用"超长钢柱 + 超高外墙板系统 + 重力就位技术体系"的创新工艺，实现了钢结构柱一吊到位、外墙板一拼到位；钢结构主体和立面墙板龙骨一体化设计，为创造一种新型钢结构快速建造体系提供了条件。

（4）箱式房坡屋顶结构与建筑第五立面、屋顶机电设备平台、屋面防排水一体化设计

本项目建筑第五立面是一大设计亮点，同时，坡屋顶集合了屋面机电设备平台和屋

面排水防水功能要求，结构专业应在箱式房屋顶设置轻钢结构坡屋面，应统筹多方面需求及快速建造要求进行一体化设计。除此之外，由于坡屋顶量大面广，箱式房构造特殊，坡屋顶钢结构的经济性和节点做法也是结构设计的重点和难点之一。

（5）钢结构设计与采购、施工深化一体化协同考虑

为实现快速建造，应同步推进钢结构工程中的设计与施工深化及下料加工，在设计单位进行钢结构设计的过程中，按照采购加工和施工安装顺序，由下到上、由杆件到节点、由主体到附属分批提资，结构选材优先根据市场及厂家库存就地取材，实现快速采购和建造。

（6）造价控制中的精益化设计

本项目体量巨大，仅以箱式房顶轻钢结构屋面为例，项目轻钢屋面投影面积约为5万 m^2，轻钢屋面用钢量对项目总投资影响较大，针对影响造价的关键对象进行精益化结构设计，合理控制轻钢屋面用钢量指标，使项目对造价的控制事半功倍。

4.3.2　工程地质、地基处理与基础选型

1. 工程地质勘察

本项目工程建设场地为拆迁后空地，场地地势较平坦，地表普遍堆积有建筑垃圾和少量生活垃圾。场地环境条件较为复杂，西部及南部地下存在雨水、污水、燃气及供水等管线，南部、东部分布有电缆、高压走廊，北部有老年公寓，场地东北部位有两处废弃鱼塘。场地原始地形地貌见图4.3-1。

本项目通过创新方法来减少勘察工期。在勘察阶段，借鉴利用钻孔、试坑的综合勘察手段，采用大间距，浅钻孔、多机械、多人工处理内业的方式减少勘察工期，1d即完成勘察外业工作。

此外，本项目利用"精细化勘察"手段准确查明了场地内填土厚度和土层分布，并对填土厚度进行区域划分，为选择合理的地基处理技术参数提供有力保障（图4.3-2、图4.3-3）。

（a）　　　　　　　　（b）

（c）　　　　　　　　（d）

图4.3-1　场地原始地形地貌

（a）、（b）场地原始地貌；（c）老年公寓处废弃鱼塘；（d）东北角废弃鱼塘

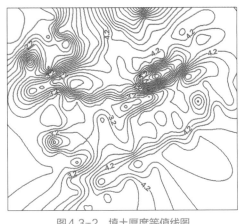

图4.3-2 填土厚度等值线图

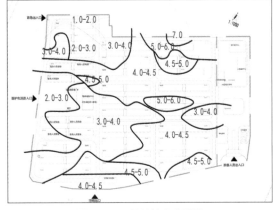

图4.3-3 场地填土分区图

本项目加强对场地内填土的特性分析，进而对填土层分布特征进行了分类，为在大面积填土应急工程中选择合理的地基处理技术提供指导建议和数据支撑。

根据填土特性，将场地填土层的分布情况划分为以下三种情况（图4.3-4）。

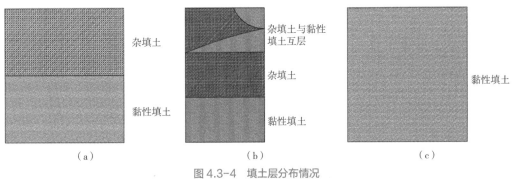

图4.3-4 填土层分布情况
（a）杂填土区；（b）千层饼区；（c）素填土区

2. 地基处理

本工程的大部分基础底位于填土层，填土层成分复杂、堆积时间短、力学性质差，且易产生不均匀沉降，未经处理，不宜直接作为地基持力土层。地基处理在安全合理的基础上，要突出"快、准、稳"的技术要求，因此前期勘察、设计、地基处理相关单位做了大量细致工作。

（1）超前部署，勘察、方案论证、地基试验紧密结合促工期

在方案规划前期，项目提前开展场地勘察，得到勘察初步数据后，第一时间开展地基处理方案专家论证会，会后直接启动地基处理试验的方案及试验交底，当天开始做地基处理试验，以及钎探、含水率、压实度、标贯及静载荷试验；同时，采用可靠经验法确定预设地基处理参数，指导地基处理施工准备，后期再根据试验结果进行动态

调整，极大地缩短了工期（图4.3-5）。

（2）因地制宜，"局部换填＋冲击碾＋振动碾"的合理搭配保质增效

本项目场地面积大，土层分布不均，工期紧，地基处理情况复杂。对于本工程的地质条件，常规的工民建项目地基处理方法包括换填、强夯或复合地基等，大多方法工期长、造价高。由于本项目大部分为临时建筑，设计使用年限为5年，并不适用常规地基处

图4.3-5　地基处理前期试验

理的控制标准。为此，通过组织岩土及结构专家进行深入方案研讨，针对场地内的不同情况，分别采用不同处理方式：针对现场局部污水坑，提出了超挖后分层换填的方案；针对全场区有建筑、道路或小市政管线的范围，采用施工快速且影响深度可达6m左右的26t冲击碾压机进行土体加固；针对整体场平时需要填方的区域，提出了振动碾压的方法。这样既可保证工期，降低造价，又可保证施工质量，为项目的顺利推进提供了根本保障。

（3）地基处理流程

地基处理实施工作流程如图4.3-6所示，地基处理施工实景图如图4.3-7所示。

3. 基础选型

基础选型在满足设计安全前提下，首要考虑快速建造要求，同时兼顾功能要求和成本控制。

（1）箱式房基础

综合考虑采用"浅埋筏板基础＋上反地基梁"形式。筏板基础加地基梁的协调变形能力好，刚度较大，既有利于降低杂填土不均匀沉降的不利影响，又可满足箱式房底部机电管廊的空间需求。

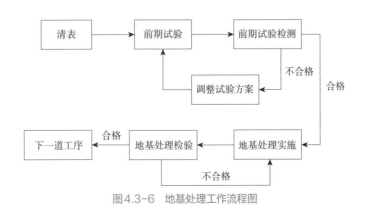

图4.3-6　地基处理工作流程图

图 4.3-7 地基处理施工实景图

（2）钢结构建筑基础

本项目综合考虑选用"筏板基础 + 上反柱墩"的形式。A 区钢结构建筑为大柱网、大空间建筑，荷载较大，采用"筏板 + 上反柱墩"的形式有利于控制差异沉降，并减少开挖和回填土方。

4.3.3 工作准备区钢结构单体设计

工作准备区综合办公楼、餐饮中心、物资存储中心三栋钢结构单体建筑，功能复杂、建筑品质高，要求大开间、大进深、大层高。综合服务楼 3 层，柱网尺寸为 8.4m × 10.8m；餐饮中心共 2 层，柱网尺寸为 8.4m × 8.4m；物资存储中心为单层建筑，柱网尺为 7.5m × 7.2m。

1. 地基基础设计一体化

房屋坐落部位存在不均匀人工填土，地基与基础方案一体化考虑，在对不均匀填土采用振冲碾压法处理的基础上，选择刚度较大、抵抗变形能力较好的平板筏基础，筏板厚度为 500mm。

为实现场地土方的自平衡，按照减少基坑开挖深度、减少土方开挖量及土方回填量的原则，确定各钢结构单体 ± 0.000 标高，室外地坪标高及基底标高，实现了最少的土方开挖量、回填量，节省了工程造价，并缩短了工期。

2. 钢结构与墙板设计助力快速建造体系创新

为满足快速建造的要求，工作准备区综合办公楼、餐饮中心结构采用钢框架结构，并对钢结构及外墙板进行了改进和优化，创新采用了"超长钢柱 + 超高外墙板系统 +

重力就位"技术体系。该体系是指由长度超过三层或 15m 的钢柱、高度超过三层或 15m 的外墙板，采用重力就位吊装方式安装的整体快速建造技术，实现一吊到位、一拼到位，不仅实现快速建造、以快制快的建设目标，还可降低综合造价，且对建筑质量品质有所提升。

工作准备区综合办公楼、餐饮中心结构模型如图 4.3-8、图 4.3-9 所示。

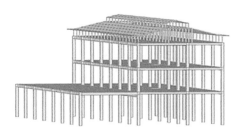

图4.3-8　工作准备区－综合办公楼结构模型

图4.3-9　工作准备区－餐饮中心结构模型

（1）钢结构选材与节点设计

设计中钢结构的主要受力构件均采用热轧 H 型钢，梁柱连接采用栓焊刚接连接，钢柱长度 15m 以上，采用三层一体加工，并带钢结构牛腿出厂，现场连接时腹板采用螺栓连接、翼缘采用焊接相连。梁梁采用栓接铰接节点，梁加劲肋及螺栓孔等要求在工厂制作，现场拼装，有效减少焊接工作量，加快了工期。梁柱栓焊连接示意图如图 4.3-10 所示。

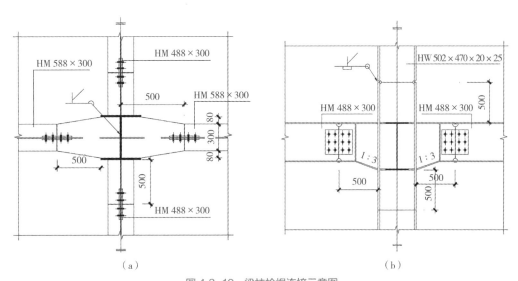

图 4.3-10　梁柱栓焊连接示意图
（a）梁柱栓焊连接平面示意；（b）梁柱栓焊连接剖面示意

（2）钢结构桁架楼承板设计

楼板采用钢筋桁架楼承板技术，楼板受力底筋、顶筋及底模在工厂预制，施工现场无须支模板，现场仅铺设楼板分布筋，有效缩短了工期。本项目所采用钢筋桁架楼承板信息见表4.3-1。钢结构及钢筋桁架楼承板施工见图4.3-11。

表4.3-1 钢筋桁架楼承板信息

编号	板厚（mm）	混凝土强度等级	钢筋（上弦、下弦、腹杆）	桁架高度h_t（mm）	施工阶段最大无支撑跨度（mm）		附加分布钢筋	
					简支板	连续板	下铁分布钢筋	上铁分布钢筋
HB1-90	120	C30	⌀8、⌀8、⌀5	90	2100	2800	⌀8@200	⌀8@200

（3）墙板及屋面材料选型

外墙及屋面分别采用集成式复合夹芯金属板墙及彩钢波纹板屋面，墙板支撑龙骨及屋面檩条随主体钢结构一体化设计。其中，墙板采用集成式超高复合夹芯金属板，长度最长达15m，三层墙面一拼到位，有效节约了工期。A区餐饮中心屋面及外墙施工现场见图4.3-12。

图4.3-11 钢结构及钢筋桁架楼承板施工　　　　图4.3-12 餐饮中心屋面及外墙施工现场

4.3.4 箱式房设计

1.箱式房基础设计

本项目设计之初，按照机电管廊与结构基础一体化设计要求，在基础设计时，综合考虑设备管线安装与检修要求，首层地面以下需要900mm架空空间作为机电设备管廊层使用。综合考虑采用300mm筏板基础+900mm上反地基梁，箱式房基础设计断面如图4.3-13所示，箱式房现场施工完成图如图4.3-14所示。为便于快速建造，箱式房筏板基础采取免垫层施工工艺，设计时相应加厚了板底钢筋保护层厚度，有效节约了工期。

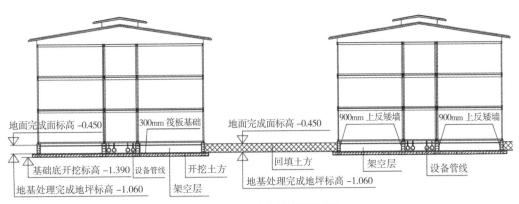

图 4.3-13 箱式房基础设计断面

图 4.3-14 箱式房现场施工完成图

筏板基础上的上反地基梁具有以下优点：

1）可实现箱体吊装的快速定位，并留有施工冗余，不仅可以加快施工进度，还能保证工程质量。

2）架空空间作为综合管廊使用，900mm 架空高度便于管线后期的运维检修。

3）钢筋混凝土地基梁有利于增大基础刚度。

4）条形地基梁利于形成室内外高差及地面与楼面的架空空间，有利于建筑防水防潮。

5）架空层外围钢筋混凝土地基梁一次成型，无须二次砌筑，节约了工期。

6）设计选取的地基处理完成后标高以及基础标高，减少了基坑开挖深度、土方开挖量及土方回填量，根据测算，从地基处理完成面向下开挖 0.30m 作为基底标高，同时将挖出土体回填至房屋两侧，堆填完成后室外地坪标高为 -0.450m，实现了土方平衡，节约了工程造价。

7）管廊空间可视为室内空间，解决了管廊内管线的防冻问题。

2. 箱式房结构设计要求

箱式房结构设计相关要求详见 7.1.3 节箱式房结构体系设计内容。

3. 箱式房顶轻钢屋面设计

本项目最终命名为"七彩家园"，建筑第五立面是本项目一大亮点，箱式房坡屋顶轻钢结构巧妙结合建筑第五立面、屋顶机电设备平台及屋面防排水，完成一体化设计。箱式房平屋顶作为设备及设备管线综合平台功能使用，在设备及管线安装阶段不可避免地会造成防水系统不同程度的破坏，从而导致箱式房屋面存在渗漏的隐患。本项目坡屋面的一体化设计，巧妙解决了屋面渗漏问题。

为实现快速建造的目标，轻钢结构坡屋面按照模数化、模块化及标准化的设计理念，建筑方案与结构方案造型、结构布置及节点连接方式统一。轻钢坡屋面由"钢柱 + 钢梁 + 檩条 + 柱间支撑 + 屋面拉杆 + 彩钢屋面"组成，根据箱式房拼装集成模数，钢柱布置间距为 6×3m、3×3m 的模数，檩条间距约 1.5m。同时，屋顶设备通廊平台梁上满铺花纹钢板，设置架空钢结构设备平台。屋顶典型剖面如图 4.3-15 所示，设备平台施工如图 4.3-16 所示。

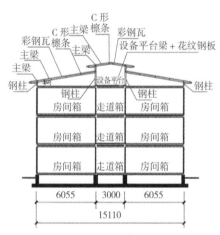

图 4.3-15　屋顶典型剖面图

图 4.3-16　设备平台施工

由于本项目坡屋顶钢结构量大面广，对项目总体造价影响较大，结合钢材现货供应情况，应开展精益化设计。经与同期同类项目对比，本项目轻钢屋面用钢量有较大幅度降低，实现了厉行节约的设计理念。

由于屋顶钢结构自重轻，对风作用较为敏感，为保证风荷载作用下屋顶结构的安全，设计时必须考虑风荷载作用对结构的影响，钢屋顶柱底应与箱式房进行可靠连接，构件间也应进行可靠连接。屋顶轻钢结构钢柱与箱式房连接做法如图 4.3-17 所示，钢柱与钢梁连接做法如图 4.3-18 所示。

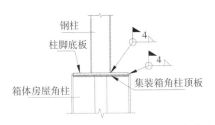

图 4.3-17　屋顶钢结构钢柱与箱式房连接做法

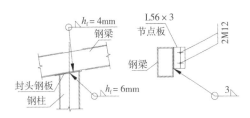

图 4.3-18　钢柱与钢梁连接做法

为满足快速建造要求，屋面轻钢结构所有构件均采用成品钢材。檩条与主梁间采用螺栓连接，梁柱间采用焊接连接。钢结构设计与钢结构深化、市场采购同步进行。在设计过程中，设计人员与钢结构专业分包单位协同办公、密切配合，确保设计方案能方便快捷施工。根据运输能力及现场吊装能力，确定最大加工尺寸。屋面钢架在工厂分块制作，现场组装，最大限度地减少现场焊接工作量。

4. 箱式房滑移及倾覆稳定性验算

由于箱式房在横向与基础接触面积有限，存在滑移及倾覆破坏的可能，为保证结构安全，分别对箱式房在地震作用下、风荷载作用下的整体抗倾覆及抗滑移进行验算。

（1）地震作用下箱式房整体滑移稳定性及倾覆稳定性验算

根据北京市地方标准《建设工程临建房屋技术标准》DB 11/693—2017 中 3.1.8 条规定，抗震设防要求为 7 度，0.1g。箱式房整体滑移稳定性及倾覆稳定性验算时地震作用近似采用底部剪力法进行验算。

① 总水平地震作用标准值按式（4-1）计算：

$$F_{\mathrm{Ek}} = \alpha_1 G_{\mathrm{eq}} \tag{4-1}$$

式中　F_{Ek}——箱式房结构等效每延米总水平地震作用标准值（kN/m）；

　　　α_1——水平地震影响系数值，取水平地震影响系数最大值 $\alpha_{\max}$，即 0.08；

　　　G_{eq}——结构等效每延米总重力荷载（kN/m）。

② 抗滑移承载力标准值按式（4-2）计算：

$$F = G\mu \tag{4-2}$$

式中　F——每延米抗滑移承载力标准值（kN/m）；

　　　G——结构等效每延米自重恒荷载（kN/m），单个箱体的质量取 1.8t；

　　　μ——箱式房底与基础的摩擦系数，宜由试验确定，本项目中取 0.35。

③ 抗滑移安全系数按式（4-3）计算：

$$K_1 = \frac{F}{F_{\mathrm{Ek}}} \tag{4-3}$$

式中　K_1——每延米抗滑移安全系数。

④抗倾覆安全系数按式（4-4）计算：

$$K_2 = \frac{0.5FB}{F_{Ek}} \cdot \frac{2H}{3} \qquad (4-4)$$

式中　K_2——每延米抗倾覆安全系数；

　　　B——结构横向宽度（m）；

　　　H——结构高度（m），底部取至基础顶，安全计顶部取至坡屋面屋脊。

经核算，箱式房底部在地震作用下未出现受拉情况，地震作用下箱式房滑移稳定性及倾覆稳定性安全系数分别为 $K_1 = 2.042$，$K_2 = 7.86$。在地震作用下，箱式房整体滑移稳定性及倾覆稳定性满足安全使用要求。

（2）风荷载作用下箱式房整体滑移稳定性及倾覆稳定性验算

根据北京市地方标准《建设工程临建房屋技术标准》DB 11/693—2017 中 3.1.8 条规定，风荷载基本风压取 0.35kPa，略高于《建筑结构荷载规范》GB 50009—2012 的有关规定。水平风荷载按矩形分布考虑，同时考虑屋顶轻钢屋顶结构在风荷载作用下对箱式房抗滑移及抗倾覆的不利影响，即考虑轻钢屋顶结构风吸力对抗滑力的削弱，对倾覆力矩的增大效应。

①总风荷载标准值按式（4-5）计算：

$$F_{wk} = w_0 \mu_s \mu_z A \qquad (4-5)$$

式中　F_{wk}——箱式房结构每延米总水平风荷载标准值（kN/m）；

　　　w_0——基本风压；

　　　μ_s——风荷载体型系数，取 1.3；

　　　μ_z——风压高度变化系数，取 1.13；

　　　A——挡风面积（m²/m）。

②抗滑移承载力标准值按式（4-6）计算：

$$F = (G - F_{吸}) \mu \qquad (4-6)$$

式中　F——每延米抗滑移承载力标准值（kN/m）；

　　　G——结构等效每延米自重恒荷载（kN/m）；

　　　$F_{吸}$——屋顶轻钢结构每延米风吸力（kN/m）（注：风载体形系数迎风面取 −1.3，背风面取 −0.7）；

　　　μ——箱式房底与基础的摩擦系数，宜由试验确定，本项目取 0.35。

③抗滑移安全系数按式（4-7）计算：

$$K_1 = \frac{F}{F_{wk}} \qquad (4-7)$$

式中　K_1——每延米抗滑移安全系数。

④抗倾覆安全系数按式（4-8）计算：

$$K_2 = \frac{0.5FB}{F_{wk} \cdot \dfrac{H}{2} + M}$$

(4-8)

式中　K_2——每延米抗倾覆安全系数；

　　　B——结构横向宽度（m）；

　　　H——结构高度（m），底部取值基础顶，安全计顶部取至坡屋面屋脊；

　　　M——屋顶轻钢结构每延米产生的倾覆力矩（kN·m/m）。

经核算，箱式房底部在风荷载作用下未出现受拉的情况。在风荷载作用下，箱式房滑移稳定性及倾覆稳定性安全系数分别为 K_1=2.389、K_2=3.54，箱式房整体滑移稳定性及倾覆稳定性满足安全使用要求。

（3）箱式房抗滑移原型试验

为了给工程设计提供抗滑移设计依据，本项目对箱式房抗滑移能力进行原型试验，以测定项目实际摩擦系数 μ。试验装置包括千斤顶、压力传感器、反力装置、百分表（量测位移）。在拟测试的箱式房纵、横两方向分别安装两个反力装置，千斤顶通过反力装置给箱式房的底部施加水平推力，在千斤顶与箱式房之间安装压力传感器，以采集箱式房开始滑移瞬间的水平力，试验加载示意图及现场照片见图 4.3-19。

本项目采用原型试验方法测试了自重及不同配重下箱式房水平推力随时间的变化关系，通过多组测试，基于平均值确定了箱式房与基础地面之间的摩擦系数，为工程设计提供了科学依据。试验主要结论如下：

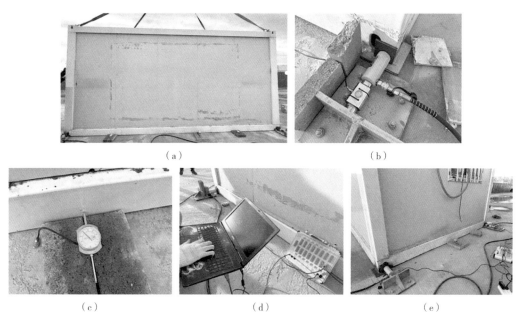

（a）

（b）

（c）　　　　　　　　（d）　　　　　　　　（e）

图 4.3-19　试验加载示意图及现场照片

（a）试验箱式房（长边方向测试）；（b）千斤顶与压力传感器；（c）百分表；（d）采集现场数据；（e）沿短边方向试验

1）箱式房和基础地面之间的摩擦系数不随水平推力、自重及配重、长短边方向的变化而变化，与地面的粗糙程度有关，粗糙程度越大，摩擦系数越大。

2）通过原型试验，测定本项目箱式房和基础地面之间的摩擦系数在 0.41~0.43 之间，满足结构设计摩擦系数 0.35 的设计要求，且有一定安全储备。

4.4　土建关键施工技术

4.4.1　建筑施工概述

在疫情常态化的大趋势下，能否在疫情暴发的情况下快速、高质量地建成隔离用房，同时保障建筑使用功能齐全、安全有效，成为完成本工程的关键。

以箱式房为主体的隔离用房，看似简单，但真正体现出"麻雀虽小，五脏俱全"的特点。整个工程涉及地基与基础、主体结构（箱式用房吊装）、装饰装修（整体卫浴安装、竹木纤维板保温）、建筑屋面（钢结构屋面）、建筑给水排水及供暖、建筑电气、智能建筑、通风空调、电梯、节能十大分部工程；所有分部工程的设计、施工都突出了"快速"的特点，从始至终都将"快速"建造的理念融入现场施工中；尤其在测量施工、场地平整施工技术、基础施工技术、箱房快速安装技术、整体卫浴快速安装技术、钢屋面施工技术、综合楼主体结构及墙板施工技术的应用中，效果尤其显著。下面就各项施工技术逐一进行总结。

4.4.2　测量施工技术

本工程采用装配式箱式房建筑，建筑物的水平及竖向控制是测量工作的关键，直接影响建筑物的工程质量。本工程主轴网斜交，给施工平面放线提出了较高要求。

1. 测量施工原则

测量施工原则如下：坚持遵守先整体后局部，高精度控制低精度的原则（即先测设场地整体的平面和标高控制网，再以控制网为依据进行局部构筑物的定位、放线和抄平），实地测设工作要坚持科学、简洁，精度要达到设计和规范的要求。坚持计算工作和测量作业步步有校核的工作方法，随时消除误差，避免积累误差。所有结构控制线必须清楚明确，并从有利于施工的角度出发，认真做好与其他施工单位的配合，积累原始资料，做好观测记录，及时总结经验教训，不断提高测设水平。

2. 平面控制

（1）工程的首级控制

本次在该项目布设 5 个首级控制点，平面控制网采用 GPS 静态进行测量，作业仪器拟采用 4 台南方灵锐 S82 接收机（仪器标准精度为 2mm+1ppm）进行观测，其技术指标按一级 GPS 网精度进行观测，沿上述一级 GPS 点以及已知水准点布设三等闭合水准路线测量各 GPS 点的高程，应定期对首级控制网进行复测。

（2）二级控制

二级控制网建立在首级网的基础上，布设成建筑物矩形平面控制网，由建筑物主轴控制线（桩点）组成，并与首级控制网进行坐标联测，二级控制网采用全站仪观测。

（3）建筑物的控制测量

为确保该项目各建、构筑物按设计准确定位，应建立施工场地的平面及高程施工控制网，使各阶段施工采用统一的坐标及高程依据。

施工控制网应遵循"先整体，后局部；高精度控制低精度"的原则分级布设。本工程按三级控制布设，即首级控制网、二级控制网（主轴线控制）、三级控制网（细部结构控制线），各等级控制网关系如图 4.4-1 所示。

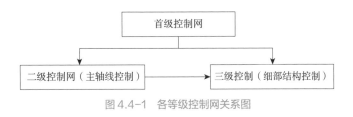

图 4.4-1　各等级控制网关系图

1）首级控制网测量

在保证工程整体性的情况下，首级测量控制网应满足工程施工各阶段结构定位的需要，控制网的精度设计应该以各施工阶段中对测量精度的最高要求为出发点，根据该项目的设计要求及相关的国家规范确定。

2）二级控制网测量

二级控制网建立在首级网的基础上，布设成建筑物矩形平面控制网，由建筑物主轴控制线（桩点）组成，并与首级控制网进行坐标联测。

二级控制网采用全站仪观测，主要技术要求按《工程测量标准》GB 50026—2020 中一级建筑物施工平面控制网要求实施（表 4.4-1）。

表4.4-1　建筑物施工平面控制网的主要技术要求

等级	边长相对中误差	测角中误差
一级	≤ 1/30000	±5″

3）细部结构控制测量

细部结构控制网采用全站仪在首级控制网或二级控制网的基础上进行加密布设，其精度及技术要求与二级控制网相同。

3. 分部、分项工程的测量放线

（1）结构的测量放线

1）基础部分根据轴线控制点投测，也可用极坐标法进行放样。

2）主体结构部分用内控法向作业面投测，校核后，拉钢尺放出轴线和细部线。

3）平面内细部线应放出结构的各种边线、50cm 控制线。

（2）装修的测量放线

检查各层轴线的竖向投影情况，进行门窗工程的安装。外立面放出大的控制线，以控制外立面的装修。

标高根据建筑 1m 线控制。

（3）机电安装的测量放线

根据结构轴线放出机电设备位置线，根据建筑 1m 线控制机电设备标高。

4. 桩位及控制点保护

1）桩位必须选择在地基稳固、不易碰压和通视良好的地区。

2）各控制点应设立明显标识，严禁在其周围 3m 范围和照准方向堆放东西。

3）测量人员应将各控制点位图下发各部门，使现场人员明确桩位所在，以利保护。

4）测量人员定期检查桩位，如发现移动，应立即通知相关部门停止使用，并马上恢复。

5）各施工区控制点，应落实到人。

4.4.3 地基与基础施工

1. 土方施工技术

本项目占地面积约 15.6 万 m^2，原地形北高南低，平均高差为 1m，最大高差约 1.5m，场地原为旧村庄拆迁后区域和部分荒地，场地北侧内堆载部分建筑垃圾，靠近外围有两处污水水塘，场地南侧植被较多，需进行树木迁移。

根据初步设计以及现场实际情况，进场后，立即组织土方施工，采用 24h 连续作业，现场施工人员一律实行轮班作业，真正做到人停机不停。

（1）土方施工流程（图 4.4-2）

（2）土方施工原则

统筹协调资源，提前组织施工队伍进场，为抢工做准备；

充分协调各类机械资源，尽早将机械投入工作面；

采用分区分块思路，坚持化整为零的策略，清表、回填、处理等工序协调进行施工；

先进行重点区域的场地平整施工，为现场地勘、地基承载力等提供准确的试验数据。

（3）土方施工要点

1）特殊地基处理

原场区内具有较厚的人工杂填土及较多的植物杂草，局部有淤泥积水坑，地质条件较差。

针对工程现场两处现状泥坑的换填处理，及时组织参建各方现场踏勘，快速形成现场处理意见，并立即有效执行。

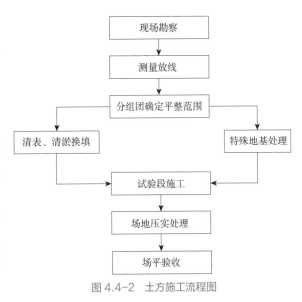

图 4.4-2　土方施工流程图

在处理不良地质条件地块时，充分参考前期类似的施工经验，并积极倡导环保理念，对建筑垃圾进行再利用。

2）清表及场平施工

土方正式施工时，根据现场实际情况对道路路基范围进行清表处理和填前碾压，清除地表的杂填土、腐殖土及植物根茎等。对路基范围内不符合规范要求的位置，应挖除换填级配碎石。

土方施工现场调用 12 台挖机、7 台推土机、7 台平地机、7 台压路机、4 台洒水车，对现场进行清表及场地平整施工。根据项目特殊性，施工机械组成梯队，由高到低、由北往南平行推进施工，对清表完成后的场地，立即进行场地平整与碾压施工（图 4.4-3）。

平整原则如下：

①挖、填方基本平衡，减少重复倒运，全场调配土方均应协调，避免只顾局部平衡，而破坏全局平衡。挖、填方量与运距的乘积之和尽可能最小，也就是土方运输量或运输费用最小。

②好土一定要用在回填密实度要求较高的区域。

③选择最适当的调配方向、运输路线等，土方运输无对流和乱流的现象，便于机械调配。

3）试验段施工

在场地平整碾压过程中，先选取试验段进行施工，合理选择施工机械及制订相应的参数组合，为后续全面展开提供依据。结合现场的实际情况，清表后，选取试验段进行验证。

首先在 ZK108 勘察孔附近选取 20m×20m 的平面场地作为地基处理试验场地。清表后，在试验场地内进行钎探，钎探深度 2.1m，采用梅花形布置，钎距 1.5m 间距，距离槽边 0.2m。场地共布置 216 个点位，根据设计要求，选取 9 个钎探孔作为试验孔位。

钎探完成后，采用冲击碾处理地基，采用交叉满铺的方式进行碾压，每遍从两边向中间叠加碾压。冲击碾压 25~35 遍，有效加固深度不小于 5 m，压实系数不小于 0.94，具体以压实系数检测标准进行信息化控制；再使用铲平机进行初步平整；最后采用不小于 20 t 的振动压路机进行碾压。在整平的试验场地提取压实系数的样品做质量检测试验、压缩模量试验和静载荷试验。

试验合格后，按照此方案进行后续操作，试验段的验证数据为后续施工提供了数据参考，为施工面的展开及快速施工提供了数据支撑，也对后续施工质量提供了保证。

2. 钢筋施工技术

（1）钢筋检验

钢筋进场时，要按批进行检查和验收。每批由同牌号、同炉罐号、同规格、同交货状态的钢筋组成，检查内容包括外观检查和力学性能试验。

（2）钢筋加工

钢筋加工顺序如下：钢筋除锈→钢筋调直→钢筋切断→钢筋加工成型→码放。

（3）技术要求

1）连接方式

为加快施工进度，减少试验周期，本工程钢筋采用绑扎连接，连接时采用缠扣、套扣、顺扣三种绑扎形式，用 22 号火烧丝绑扎。

2）钢筋搭接

钢筋根据搭接百分率不同而采用不同的搭接长度。搭接长度为锚固长度与修正系数的乘积。纵向受拉钢筋搭接长度修正系数见表 4.4-2。

图4.4-3　场地平整与碾压施工图片

表4.4-2 纵向受拉钢筋搭接长度修正系数

纵向钢筋搭接接头面积百分率（%）	25	50	100
修正系数	1.2	1.4	1.6

搭接接头任一接头中心至 $1.31L_{aE}$ 长度范围内，机械连接接头任一中心至 $35d$ 且不小于 500mm 的范围内，接头面积占同截面受力钢筋总面积的百分率符合下表要求。

3）受力钢筋接头百分率（表 4.4-3）

表4.4-3 受力钢筋接头百分率

	接头面积占同截面受力钢筋总面积的百分率	
接头形式	受力形式	
	受拉	受压
搭接	50%	50%
机械连接	50%	50%

4）钢筋最小锚固长度（表 4.4-4）

表4.4-4 受拉钢筋抗震锚固长度

钢筋类型		三级抗震时L_{aE}=1.20/ae
		C25
HRB400 级	$d \leqslant 25mm$	42 d

（4）基础钢筋施工

1）工艺流程

工艺流程如下：搭设临时支架→铺上铁→穿箍筋→绑扎箍筋→穿梁下铁及绑扎→清理底部杂物→放梁→安放垫块→隐检→进行下道工序。

2）基础钢筋安装

①钢筋接头位置：下铁在支座 1/3 范围内，上铁在跨中 1/3 范围内，绑扎搭接范围内箍筋加密。受压搭接区段的箍筋间距不大于搭接钢筋较小直径的 10 倍，且不大于 200mm。

②梁的上、下铁位置应准确。

③箍筋应按照在梁筋（上、下铁）上画的位置线进行绑扎，要求在同一垂直线上（采用线坠吊直）。

④梁侧面腰筋搭接、锚固均按纵向受拉钢筋要求执行。

⑤拉筋钩住侧面抗扭钢筋，并完成135°弯钩。

⑥梁内钢筋保护层垫块应置于最下层钢筋下部，绑牢。

3. 模板施工技术

本项目模板施工主要集中在基础结构中，基础结构形式存在条形基础、筏形基础、素混凝土支墩以及墙、板。

（1）筏形基础模板

筏板基础模板不设导墙，采用吊模的方式，模板为15mm多层板，模板外侧设置用钢管、方木、U形托设置斜撑进行加固，钢管斜撑在地锚上。在混凝土浇筑过程中，派专人看模，确保支撑体系稳固、防止胀模（图4.4-4）。

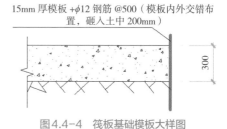

15mm厚模板+φ12钢筋@500（模板内外交错布置，砸入土中200mm）

图4.4-4 筏板基础模板大样图

（2）电梯基坑模板

电梯基坑侧模采用15mm模板，内侧做成木箱，集水井木箱内用方木撑双向支撑。分层浇筑混凝土，以防集水坑模板出现跑模、胀模等现象（图4.4-5）。

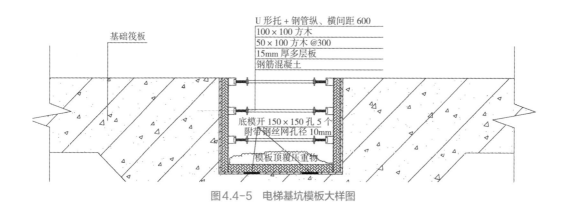

U形托+钢管纵、横间距600
100×100方木
50×100方木@300
15mm厚多层板
钢筋混凝土

基础筏板

底模开150×150孔5个附带钢丝网孔径10mm

模板顶覆压重物

图4.4-5 电梯基坑模板大样图

（3）基础梁模板

墙体面板采用15mm厚木模板，次龙骨采用40mm×70mm木方，间距250mm（沿墙跨度方向）；主龙骨采用2根φ48.3×3.5mm，间距450mm；穿墙对拉螺栓为φ14，断面跨度方向间距500mm，直径14mm；斜撑采用φ48.3×3.5mm钢管。

（4）模板的进场验收、现场制作与加工

模板加工完毕后，必须经过项目部技术质检验收合格后方可使用。对于周转使用多次的木模板，如果有飞边、破损的模板，必须切掉破损部分，然后刷封边漆，再加以利用。

模板现场制作的管理及验收

1）本工程基础、墙全部采用木模板，全部在现场内加工。

2）木制模板面板采用 15mm 厚多层板，厚度偏差不大于 1mm。

3）所有木方背楞与模板面板及背楞接触的面均要求刨光压直。

4）本工程基础拼缝原则上采用硬拼缝。

5）按照图纸设计要求及施工现场实际的尺寸，结合模板的实际规格进行下料前的排模、放大样。墙柱模板下料时，比设计结构尺寸减小 3~5mm。

6）板材锯裁：不规则的几何形，用手提电锯现场加工，为防止蹦边，锯板和钻眼时，要将板下面垫实。

7）本工程墙板模板拼缝原则上采用硬拼缝，当因周转变形而导致模板拼缝缝隙过大时，可在拼缝处贴憎水性海绵条。

8）基础梁模大面模板的接缝、阴角与大面模板的接缝以及阳角与大面模板的接缝采用企口缝（即子母口拼缝），一端模板竖向背楞外露 20~25mm，另一端模板面板外露 20~25mm，两者相互搭接，以防止拼缝处漏浆。

9）基础梁大模板的阴角、阳角采用定型的大面模板对拼而成。

（5）模板及材料的存放

1）现场布置模板堆场，未加工的新木模板储存在库房内。模板及周转材料应按施工区域分散码放，以使运距尽量短。

2）在雨雪天时，存放于模板加工区的模板应用塑料布覆盖。

3）拆除后的模板及周转材料应分类、分规格堆放整齐，及时清除模板板面浮浆。

4）对拆除后的模板，应将板面铁钉取下，防止伤人。

（6）模架安装一般要求

1）安装放线

安装模板前，先测放控制线网和模板控制线。根据平面控制轴线网，在防水保护层或楼板上放出墙、柱边线和检查控制线，待竖向钢筋绑扎完成后，在每层竖向主筋上部标出标高控制点。

2）安装模板前，首先检查模板的杂物清理、浮浆清理、板面修整、脱模剂涂刷等情况。施工缝混凝土表面必须剔毛处理，将混凝土表面浮浆、软弱混凝土层剔除至密实混凝土；墙柱根部边线外模板下口混凝土施工时，应认真抹平，如个别不平整，用 1：2 水泥砂浆找平；用空压机把结构内杂物吹干净，浇水润湿；模板表面用铲刀、棉丝清理干净，均匀涂刷脱模剂，涂刷时，严禁用大拖把大面积施工，必须用辊子均匀擦拭。

3）上道工序（钢筋、水电安装、预留洞口等）验收完毕，签字齐全。

4.混凝土施工技术

（1）浇筑要求

在浇筑工序中，应控制混凝土的均匀性和密实性。将混凝土拌合物运至浇筑地点后，应立即入模。在浇筑过程中，如发现混凝土拌合物的均匀性和稠度发生较大的变化，应及时处理。

（2）振捣要求

混凝土振捣工具采用插入式振捣器，使用时，应快插慢拔，插点要均匀排列，逐点移动，按顺序进行，不得遗漏，做到均匀振实。移动间距不大于振捣作用半径的1.5倍（一般为30~40cm）。采用插入式振捣器时，振捣时间一般为15~30s，并且在20~30min后对其进行二次复振，以消除混凝土结构面层中的气泡。

（3）条形基础工艺要求及措施

条形基础混凝土浇筑施工工艺流程如下：模板安装→清理基底→浇筑混凝土→表面处理。

1）模板安装

模板应加固牢靠，标高准确，截面尺寸偏差在规范允许范围内。

2）清理基底

在浇筑条形基础混凝土前，应进行彻底清理工作。对于模板内的木块或其他杂物，应采用钢筋钎子或钢筋夹子将木块或其他杂物扎夹出去。对于碎纸片、灰尘等轻杂物，现场应备有1台气泵对底板全范围内进行吹冲，将杂物集中清理干净，并注意不得有积水。

3）浇筑

①采用汽车泵直接进行布料浇筑。

②浇筑混凝土时，应连续进行，必须预先安排好混凝土下料点位置和振捣器操作人员数量。下料时，应使软管在墙内来回挪动，使之均匀下料，防止骨浆分离。

③使用φ50振捣棒，振捣棒移动间距应小于40cm，每一振点的延续时间以表面泛浆为度，为使混凝土结合成整体，应注意振捣方式，防止发生过振、漏振。

④进行表面处理。

⑤在浇捣至基础标高后，按测设的标高控制标志刮拍平整。对于有凹坑的部位，必须用混凝土填平。在收水初凝后，再用木抹子全面仔细打磨两遍，既要确保混凝土的平整度，又要把其初期表面的收水细缝闭合，在此收水工作期间，除了具体岗位的施工人员，其他人不得在未干硬的面上随意行走。

（4）基础梁混凝土浇筑

1）工艺流程

工艺流程如下：浇筑层段施工缝的清理→有关部门验收（土建、水电）→施工缝提前浇水湿润→混凝土输送泵试运行→铺设配合比与混凝土的砂浆成分相同的水泥砂浆→浇筑混凝土→振捣→挂线找标高→大杠刮平→木抹搓平→二次大杠刮平→二次木抹搓平→养护。

2）施工方法

①浇筑混凝土前，搭设操作马道，马道间距为 1.2~1.5m，严格控制负弯矩筋被踩下。

②混凝土浇筑路线由一端开始，连续浇筑。宜分散布置混凝土下料点，间距控制在 2m 左右，应将混凝土下落高度控制在 2m 以下。

③浇筑混凝土的虚铺厚度应略大于板厚。

④振捣时间以混凝土表面出现浮浆、不再下沉为止。

4.4.4 箱式房安装技术

1. 箱式房布置图（图 4.4-6）

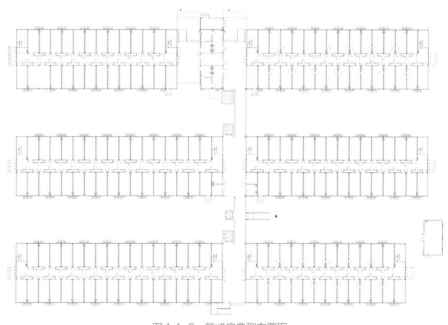

图4.4-6 箱式房典型布置图

2. 箱式房安装流程

第一步，基础施工（图 4.4-7）。

第二步，测量放线（图 4.4-8）。

第三步，安装连接器（图 4.4-9）。

第四步，整体吊装箱式房（图 4.4-10）。

图 4.4-7　基础施工

图 4.4-8　测量放线

图 4.4-9　安装连接器

图 4.4-10　整体吊装箱式房

第五步，安装电梯钢结构（图 4.4-11）。

图 4.4-11　安装电梯钢结构

第六步，安装机电、内部装饰（图 4.4-12）。

图 4.4-12　安装室内机电、内部装饰

第七步，安装金属屋面（图 4.4-13）。

图 4.4-13　安装金属屋面

3. 箱式房基础（详见 4.4.3 节内容）

4. 准备工作

安装之前，先根据产品附件打包清单清点材料数量，对生产、运输、装卸造成变形的构件进行矫正。板材表面应无明显划痕、色差，否则应做退货处理，并在运输发货单上注明相关信息。现场材料必须妥善放置，做好防水、防泥、防沙、防雨措施，同时按施工顺序先后分类存放，加强现场材料管理；必须配齐所有的安全用具方可作业，起重机应到位候命。在施工过程中，安装工人要佩戴好安全工具，且遵守相应的安全操作规程。

5. 施工要点

（1）放线

1）按照图纸尺寸，利用墨斗在箱房基础上弹出箱房安装位置线，用胶水管（大型工程需要水准仪）在基础四周给出相对标高点，放线由班长或技术工人进行。

2）按照基础图精确放出每个打包箱四角底部角件连接器位置线，注意两箱间距为14mm，并复核图纸尺寸。

（2）安装底部连接器

1）将底部边缘连接器放至箱房基础两端，底部中间连接器放在基础中间，有螺栓孔位一侧朝外。

2）根据基础四周给定的相对标高找正底部连接器的底部标高；调整底部连接器标高时，应以最高点基础为基准，利用水准仪找平。底部连接器水平度小于10mm，对角线差小于15mm；如甲方基础不能满足要求，需用薄钢板垫平。

3）底部连接器找正后，利用冲击钻打孔，用 M16×160 膨胀螺栓固定，膨胀螺栓数量应符合设计要求，栓孔深度应与螺栓长度相符，螺栓安装后应拧紧，保证膨胀管胀开，与基础连接牢固，安装好的膨胀螺栓应与基础保持垂直。

（3）组装整体房屋

将所有组装好的箱房按照图纸要求进行码放，并调整垂直度和拉通长直线调整水平度，允许偏差不大于5mm，将立柱上、下端的螺栓紧固到位。

（4）安装内隔墙板

施工顺序如下：放线→内隔墙上固定卡件→内隔墙→内隔墙下固定卡件→打胶→内部装饰板。

1）利用垂线法放出内隔墙板安装位置线。

2）在内隔墙板上安装卡码。将上卡码用铆钉固定在屋顶彩钢板上。

3）从墙一侧向另一侧安装内隔墙板，用靠尺板检测内墙板的垂直度和平整度，垂直度的允许偏差小于5mm，平整度的允许偏差小于3mm。

4）对于检测合格的内墙板，应立即安装下卡码。

5）内隔墙板缝隙用玻璃胶密封。

（5）机电安装

详见 5.6 节室内机电安装施工技术。

（6）内部装饰

详见 6.4 节内装施工技术。

（7）屋顶安装

详见 4.4.6 节金属屋面施工技术。

6. 箱式房安装细节（表 4.4-5）

表4.4-5 箱式房安装细节要点

序号	步骤名称	安装要点及检验要求
1	基础检验及误差消除	1.1 进场前，对箱房基础进行检验，检查混凝土基础是否符合设计要求，符合要求后进场。 1.2 在设计误差允许范围内，吊装前或吊装后需对箱房底面进行抄平，使一层顶箱角上表面在同一平面。 检验要求如下： 1.3 地基平面度误差 ≤ ±2cm，吊装后两箱角竖直高低差 ≤ 3mm，整栋楼顶顶箱角上平面水平高低差 ≤ 5mm
2	框架装配	2.1 框架进场，在厂内安装完成。 2.2 安装墙板前，在立柱角件内上、下箱角间安装 PVC 排水管。 2.3 同一连接位置有效螺栓连接不低于 5 个，平弹垫不得遗漏。 2.4 排水管下端管箍紧实不松动，管体上下活动量 ≤ 20mm
3	吊装	3.1 箱式房吊装主要使用25~160t起重机，应根据现场情况选用合适的起重机进行吊装作业。 3.2 吊装及就位时，应严格按照信号工指示慢放慢落，必要时，应有操作工人配合吊装
4	连栋、调校	4.1 结构安装完毕后，箱体间栓接紧固，包括横向栓接、纵向栓接、十字拼栓接。 4.2 相邻箱角、相邻立柱相对位置要求外表面在同一平面，相邻拼箱底梁上下平齐。 4.3 拼箱防水，拼箱胶条起主要防水作用，横向箱体间均使用拼箱胶条；限位黑胶块堵住吊装孔，起限位及防水作用，如图所示。 上下连栋示意图 检验要求如下： 4.4 横向顶、底箱角可操作位置均需要栓接紧固（是否需要使用力矩扳手）；纵向每栋四角顶、底箱角间应栓接紧固，且必须使用钢板定位块。 4.5 箱角、立柱外表面横向错差 ≤ 3mm；拼箱相邻底梁纵向高差 ≤ 3mm。 4.6 拼箱胶条安装后裙边严实不松动，不漏水，立柱侧外表面干净整齐

续表

序号	步骤名称	安装要点及检验要求
5	墙体安装	5.1 按照图纸位置在指定位置安装指定墙板，顶端使用螺栓勾角，长墙处必须使用螺杆拉紧。安装墙板后，应与立柱和梁贴紧。整体墙体距两端距离居中不偏移。端头限位自攻钉不宜过紧。 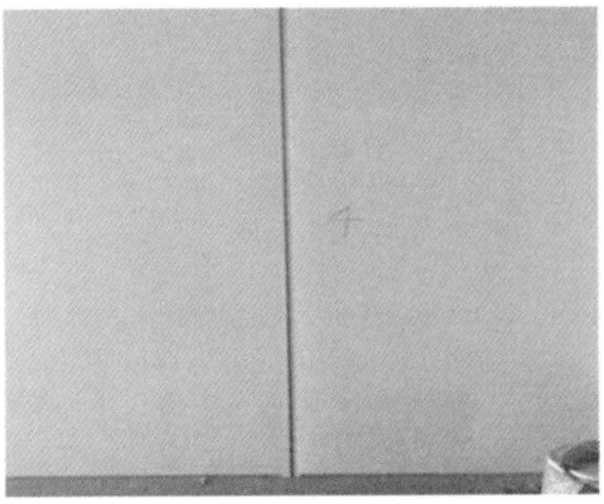 墙体安装 5.2 安装完成后，应紧固不松动、竖直，墙板间拼接缝≥0，且≤2mm。端头限位自攻钉不宜因过紧而使墙板表面变形。 5.3 连接墙板与立柱时，紧固螺栓不宜过紧，保证墙板平整。 5.4 应紧固长墙螺杆拉筋。 5.5 门窗关闭严密、开启顺畅、活动无异响、锁体工作正常，安装方正不歪斜，打胶均匀美观，整体外观干净整洁
6	电路电器	6.1 照明灯、排风扇等按照图纸位置安装。安装方正，边角处理美观整洁，如图所示。  照明灯的安装 6.2 电路连接按照图纸电路连接预置电缆线，接头处理规范，无漏电、触电危险，不得私自不合理更改电路布置。 检验要求如下： 6.3 电线接头无可视外露铜丝；现场接电部分，空调插座、普通插座、照明线路相互独立不互串，且不超过载。 6.4 通电后照明正常工作，各电源插座正常通电。配电箱空开、漏电保护器正常工作。 6.5 照明灯按照图纸位置安装，整齐、美观，位置偏差≤10mm。开关、插座面板、其他用电器等安装位置尺寸应符合图纸要求，方正整齐
7	角缝装饰	7.1 安装脚线，顶、底、立柱脚线装饰平直严密，不扭曲。三维位置保证水平、垂直，与相邻脚线装配严密，缝隙过大处需勾缝处理。检验要求如下：脚线平直不扭曲，与吊顶、墙板装配美观，如图所示。

序号	步骤名称	安装要点及检验要求
7	角缝装饰	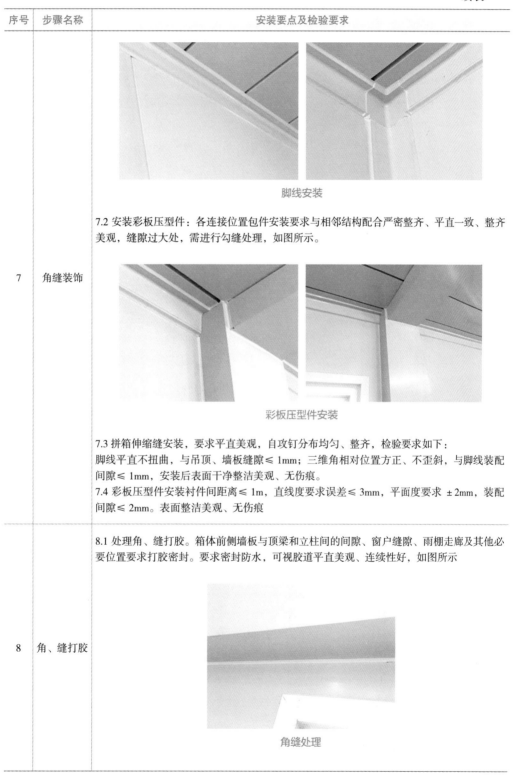
8	角、缝打胶	

脚线安装

7.2 安装彩板压型件：各连接位置包件安装要求与相邻结构配合严密整齐、平直一致、整齐美观，缝隙过大处，需进行勾缝处理，如图所示。

彩板压型件安装

7.3 拼箱伸缩缝安装，要求平直美观，自攻钉分布均匀、整齐，检验要求如下：
脚线平直不扭曲，与吊顶、墙板缝隙 ≤ 1mm；三维角相对位置方正、不歪斜，与脚线装配间隙 ≤ 1mm，安装后表面干净整洁美观、无伤痕。
7.4 彩板压型件安装衬件间距离 ≤ 1m，直线度要求误差 ≤ 3mm，平面度要求 ±2mm，装配间隙 ≤ 2mm。表面整洁美观、无伤痕

8.1 处理角、缝打胶。箱体前侧墙板与顶梁和立柱间的间隙、窗户缝隙、雨棚走廊及其他必要位置要求打胶密封。要求密封防水，可视胶道平直美观、连续性好，如图所示

角缝处理

4.4.5 整体卫浴快速安装技术

1. 设计概况

为保证隔离用房及工作人员用房的使用功能，满足尽快投入使用的工期要求，每个功能房间均设置整体卫浴、分体空调。整体卫浴施工采用完全干法作业，包括防水底盘、墙面、顶面以及卫生洁具安装，房间功能设置见图 4.4-14。

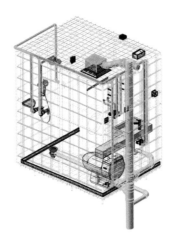

图 4.4-14 房间功能设置

2. 施工流程

施工流程如下：安装防水底盘→安装墙板→安装顶板→安装门→安装部品→自检及成品保护。

（1）安装防水底盘（图 4.4-15）

1）按照技术交底平面图纸，现场测量确定支撑器位置，先调平高度，后锁紧，并将其固定于防水底盘上，然后放置在集装箱体地面上（图 4.4-16）。

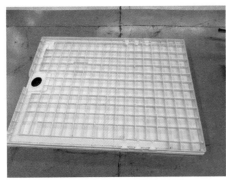
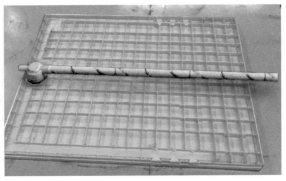

图 4.4-15 安装防水底盘　　　　　图 4.4-16 安装管线

2）按照技术交底图，将地漏和排污法兰按照图示顺序依次安装到防水底盘上，注意打胶位置。将排污管材和管件连接试插（试插时不打胶），确认排污管末端与箱体立管对接位置吻合后打胶连接管路，管路连接好后，用扎带或管卡固定在防水底盘上（图 4.4-17）。

3）安装管线后，使用扎带固定管线于底盘上，确保管线牢固性及流水坡度。

4）翻转防水底盘，将其放置于整体卫浴位置上（图 4.4-18）。

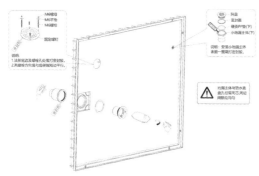 

图 4.4-17 安装地漏及马桶法兰　　　　　图 4.4-18 底盘及管线安装完成图

（2）安装墙面

1）取出墙板，按照图纸要求将 A、B、C、D 四面需要组合的墙板编号分组摆好，编号见背面底部；在地上铺好保护层，将墙板依次排开，保持平整，上、下位置不能放反，有字母标识的朝下（图 4.4-19）。

2）采用十字自钻钉固定两张墙板及墙角型材，正面应平齐，如有不平整，稍松螺丝后，用胶锤敲平后再锁紧（图 4.4-20）。

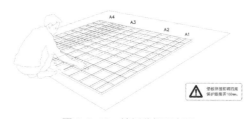 

图 4.4-19 墙板分组示意图　　　　　　图 4.4-20 十字自钻钉固定示意图

3）依据深化图纸位置，安装墙板加强筋，再按设计图要求在需要开孔处用铅笔画线，用开孔器开插座孔、冷热水管孔、洗面盆出水孔和立柱盆安装孔。

4）先将 A 面墙板安装至防水底盘上，依次装入 B、C、D 面墙板，上端与壁板平齐，并用十字自钻钉固定阴角位置。

5）最后安装插座、线管、洗面盆排水管、冷热水管、立柱盆等部品（图 4.4-21）。

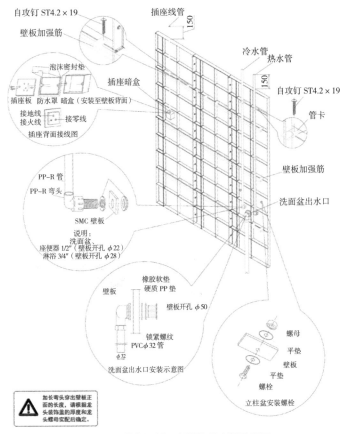

图 4.4-21 墙板开洞及部品构件安装示意图

（3）安装顶面（图 4.4-22）

1）将顶板按图纸顺序排好，并摆放整齐，准备型材及螺栓。

2）用记号笔画出检修口、换气扇等预留洞口位置及大小，再用角磨机顺线切割。用平头螺丝将检修口圈固定在切割完毕检修口的顶板上，用角磨机修整检修口切割下来的顶板，盖回检修口。顶板加强筋位置应避开检修口和换气扇等预留洞。

3）将靠近集装箱内侧的顶板放置于墙板上端，调整顶板四周边缘与墙板对齐，再采用螺钉将其固定。再将外侧顶板放置于墙板上端，调整顶板四周边缘与墙板、顶板对齐，再采用螺钉将其固定。

（4）安装门

1）安装之前，用红外线确认整体卫生间框架水平和垂直是否在允许范围（±1mm）内，否则需要调整，才能进行下一步工序，红外定位示意图见图 4.4-23。

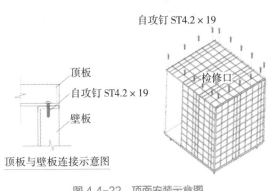

图 4.4-22 顶面安装示意图

图 4.4-23 红外定位示意图

2）在防水底盘门口翻边上贴两条宽 8mm、厚 2mm 的防水棉，翻边角部打密封胶。

3）将门框架置于已经调整好尺寸及水平状态的整体卫生间门洞处，门框下导轨内侧与防水底盘门口内边沿齐平，用红外线校准门边框的垂直度，然后用自攻螺丝锁入边框（图 4.4-24）。

4）安装门扇转轴及门扇；安装手柄，并对门扇开合进行测试调整；调试门扇，查看开关门扇确定是否顺畅，在浴室内观察门扇与门框是否紧贴，门扇转轴与门框缝隙是否均匀，如门扇与门框不紧贴或缝隙不均匀，可用手动螺丝刀调节门框上端的固定座，使门扇与门框达到最理想的关闭状态（图 4.4-25）。

5）在框架四周均匀打一层玻璃胶，待玻璃胶完全固化后方可投入使用；并用花洒在门框部分连接处进行喷水测试，检查是否有水溢出门外（图 4.4-26）。

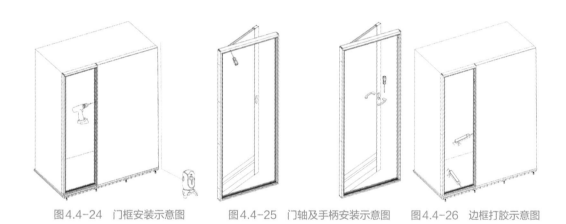

图4.4-24　门框安装示意图　　　　图4.4-25　门轴及手柄安装示意图　　　　图4.4-26　边框打胶示意图

（5）安装部品

1）安装下水组件（图 4.4-27）。

2）安装面盆龙头总成（图 4.4-28）

安装面盆龙头配件及三角阀，尽量保持接口朝上，给水软管与面盆三角阀连接并拧紧。

3）安装淋浴龙头总成（图 4.4-29、图 4.4-30）

①按照设计图测量上、下两个底座在墙板上的位置。

②用电钻在定好的位置洗好孔，然后用电批将上、下两个底座锁紧。

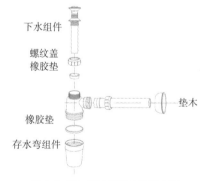

下水组件
螺纹盖
橡胶垫
垫木
橡胶垫
存水弯组件

图4.4-27　下水组件安装示意图

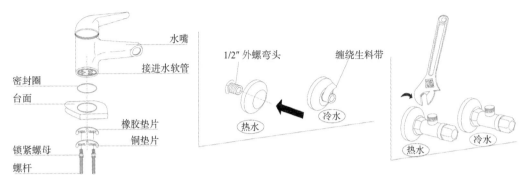

图4.4-28　面盆龙头总成安装示意图

图4.4-29　淋浴龙头总成安装示意图

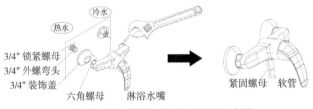

图4.4-30　软管与淋浴龙头安装示意图

③按照图示完成龙头及装饰盖安装。

④将软管与淋浴龙头连接并拧紧。

4）坐便器总成安装

①安装三角阀，在外螺弯头上，缠绕生料带（缠绕圈数依据实际情况确定），然后拧入三角阀，尽量保持接口朝上。清理排污法兰表面灰尘至干净，并安装法兰及坐便器，检查坐便器是否稳固（图4.4-31）。

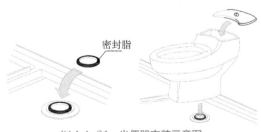

图4.4-31　坐便器安装示意图

②使用密封胶枪沿坐便器与防水底盘之间的缝隙打胶，胶量填满缝隙即可，然后用手指将胶面抹匀光滑。

③安装给水管，并检测给水量和排水量是否正常（图4.4-32）。

5）换风口总成安装

将换风口安装至顶板上，然后将换风管一端与换风口连接，并用管卡固定，将另一端连接至箱体预留风道上（图4.4-33）。

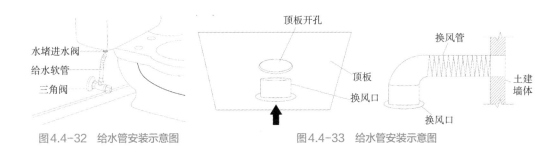

图4.4-32　给水管安装示意图　　　　图4.4-33　给水管安装示意图

6）其他置物部品安装

依据深化交底图测量定位，先用电钻在画好线的位置洗好孔，然后将毛巾杆、置物架等部品安装到墙板上，并锁紧部品，保持水平（表4.4-6）。

表4.4-6　置物部品安装示意图

名称	安装示意图
毛巾架	不锈钢 ST4×25
手指架	手纸架

续表

名称	安装示意图
三角置物架	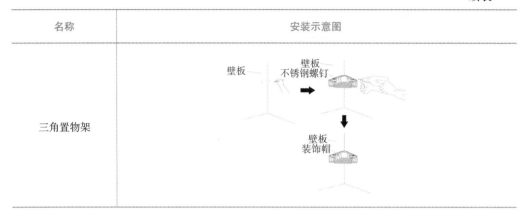

3. 施工要点

（1）为保证施工快速高效完成，安装整体卫浴前，需复核卫生间的安装位置线，并做好明显标识，避免后续出现不必要的拆改。

（2）在批量安装前，首先搭建样板间，经各方检查满足要求后，方可按此标准进行施工。

4.4.6　金属屋面施工技术

1. 设计概况

屋面钢结构分布于A~J区，J区位于场区东北角，其他各区域紧邻道路两侧。屋面钢结构由屋面钢框架体系，屋面外板体系组成，施工内容主要包括屋面钢框架结构、屋面外板、屋脊收边、山墙外板、山墙收边、百叶窗、檐口收边。屋架底标高8.528m，屋架顶标高10.870m。钢构件采用Q235B材质，钢柱截面尺寸为100mm×100mm×4mm×4mm，钢梁截面尺寸为140mm×80mm×4mm×4mm，檩条截面尺寸为C100mm×50mm×15mm×2mm（图4.4-34）。

由于本工程为应急工程，需要5d完成屋面钢框架结构，7d完成屋面外板、屋脊收边、山墙外板、山墙收边、百叶窗、檐口收边，由于工期紧、任务重，选派优秀管理人员及施工作业人员，24h轮流作业。

2. 施工流程

根据作业内容对屋面整体施工进行流水划分，各工序流水施工（图4.4-35、表4.4-7）。

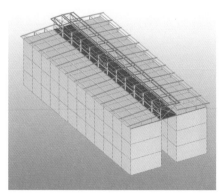

图4.4-34　屋面钢框架图

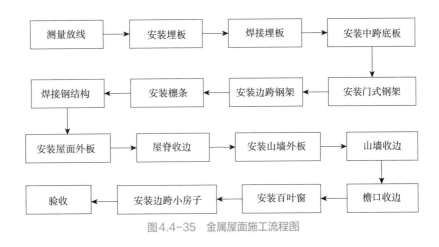

图4.4-35 金属屋面施工流程图

表4.4-7 金属屋面施工流程及工序

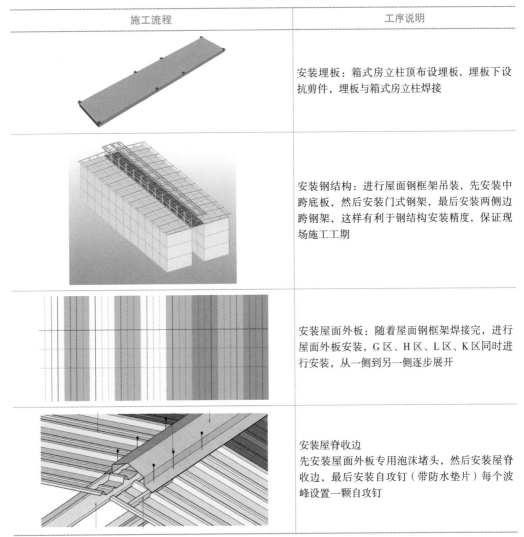

施工流程	工序说明
	安装埋板：箱式房立柱顶布设埋板，埋板下设抗剪件，埋板与箱式房立柱焊接
	安装钢结构：进行屋面钢框架吊装，先安装中跨底板，然后安装门式钢架，最后安装两侧边跨钢架，这样有利于钢结构安装精度，保证现场施工工期
	安装屋面外板：随着屋面钢框架焊接完，进行屋面外板安装，G区、H区、L区、K区同时进行安装，从一侧到另一侧逐步展开
	安装屋脊收边 先安装屋面外板专用泡沫堵头，然后安装屋脊收边，最后安装自攻钉（带防水垫片）每个波峰设置一颗自攻钉

续表

施工流程	工序说明
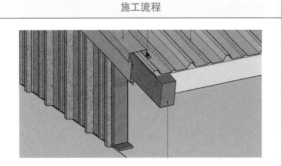	安装剩余外板及收边板：安装山墙板及山墙收边，然后安装檐口收边，最后安装百叶窗及小房子

3. 施工要点

（1）屋面钢构件按次序进行拼装，对于隐蔽焊缝，需先进行施焊，为减少变形，应优先采取小件组焊，经矫正后，再进行大件组装，板材及型材应在组装前拼接完成，并注意控制焊接残余应力。

（2）吊装完成后，注意检查结构整体垂直度及整体平面弯曲度，并检查钢柱挠度。

（3）施工前，提前对各个组团屋面板颜色进行分类堆放，并且要特别注意成品保护，避免损坏屋面板等材料。

4.4.7　A区钢结构建筑施工

1. 设计概况

综合办公楼位于施工场区的西南角，主体结构为钢结构，地上三层，层高分别为5.4m、4.2m、4.2m。外墙围护若采用常规砌体围护，则施工工期较长，根据工程特点，设计选用了金属夹芯板墙外墙，以达到更好更快完成围蔽的目的。钢结构主体框架施工期间，穿插室内装修，钢结构施工完成后进行外墙板施工，以达到钢结构主体、室内及室外装修的有效联动。

综合楼主体结构顶标高13.8m，屋面为三角架钢框架体系，钢屋架顶标高17.645m，钢构件为Q355B材质，钢柱及钢梁最大质量分别为8.9t、1.72t，由于场地狭小，在保证起重机站位、满足吊距及吊重的情况下，现场选用150t的汽车起重机；外墙板采用通长150mm厚全岩棉夹芯板+墙面檩条进行施工（图4.4-36、图4.4-37）。

2. 施工流程

（1）钢结构主体施工流程

主体结构施工内容包括钢框架结构安装、焊接、屋面钢架安装、楼承板铺设以及防火涂装施工，各工序施工顺序及施工流程如图4.4-38、表4.4-8所示。

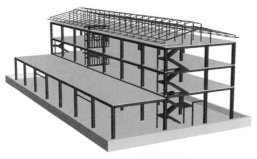

图4.4-36　钢结构框架图

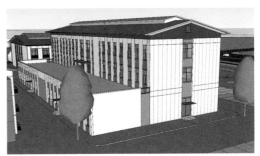

图4.4-37　建筑墙面排板图

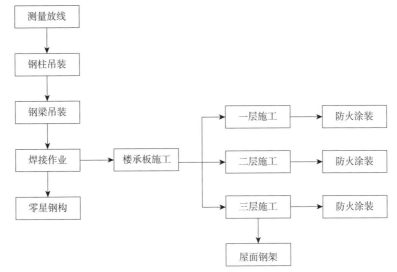

图4.4-38　钢结构主体施工流程图

表4.4-8　钢结构施工流程及工序

施工流程	工序说明
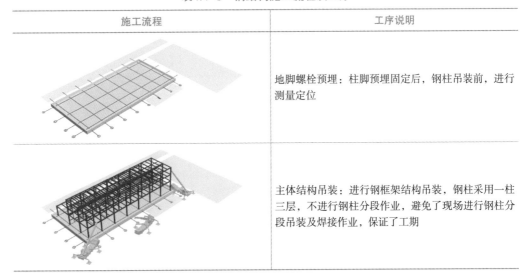	地脚螺栓预埋：柱脚预埋固定后，钢柱吊装前，进行测量定位
	主体结构吊装：进行钢框架结构吊装，钢柱采用一柱三层，不进行钢柱分段作业，避免了现场进行钢柱分段吊装及焊接作业，保证了工期

续表

施工流程	工序说明
	楼层板及防火涂装：随着楼层钢梁吊装焊接后，进行楼承板及防火涂料施工作业；随着楼层施工，逐层进行
	屋面钢架及零星钢构：第三层楼层板施工开始后即进行屋面钢架施工作业，根据结构形式对钢架进行吊装单元划分，提高施工效率，零星钢构期间穿插进行作业

（2）金属夹芯板墙施工流程（图 4.4-39）

图4.4-39　金属夹芯板墙施工流程图

外墙板竖排安装，隐钉插接，遇横檩条位置做打钉处理。

1）板材遇洞口处做法（图 4.4-40）

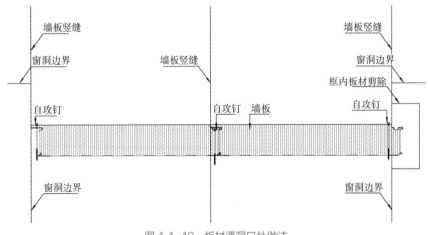

图4.4-40　板材遇洞口处做法

2）阳角部位做法（图4.4-41）

横檩条端部需布置封口角钢，用来紧固墙板自攻钉，自攻钉安装位置不能超出阳角收边尺寸范围。

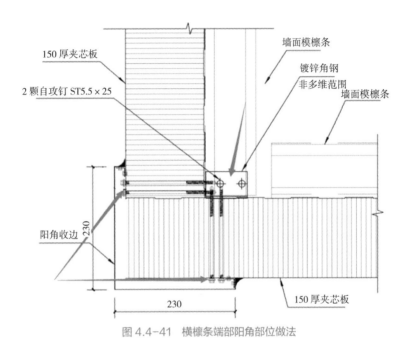

图 4.4-41　横檩条端部阳角部位做法

3）门窗上口节点做法（图4.4-42）

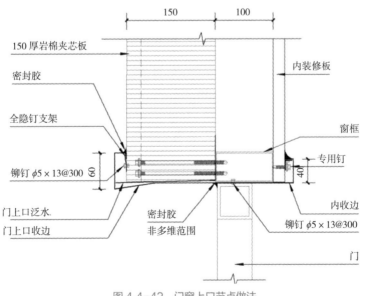

图 4.4-42　门窗上口节点做法

3. 施工要点

（1）钢构件吊装

当时疫情形势严峻，交工时间迫在眉睫，为保证工程能够按期完工，需在施工工艺上进行有针对性的优化。在保证工程质量及施工安全的前提下，应尽可能减少现场的吊装次数和焊接作业量。并且，由于施工场地狭小，起重机站位需根据吊距吊重、旁边建筑施工情况进行提前模拟，避免出现吊装盲区。

（2）外墙板安装

施工前，应根据外墙板的排布布置外墙檩条，钢框架施工完成后，即可进行外墙檩条的安装。对于板材遇洞口处、阳角节点处、门窗侧边收口处、与室外地坪相接处等位置，需进行细节深化，并根据现场实际安装情况及时进行调整。

4. 施工总结

（1）工艺优化

根据工期要求及现场施工情况，提前对施工工艺进行优化。

1）吊装时，由一柱两层分段变为一柱三层到顶，优化后吊次少，且施工过程中无须分段焊接，大大缩短了工期，且质量可控，对于单根立柱稳定性差等缺点，可采取设置缆风绳的措施进行避免。

2）将常规施工时零星构件现场高空组拼的做法变更为工厂单元加工，现场组拼后吊装。这样虽增加了加工厂的加工作业量，但减少了现场施工量，避免因天气等因素影响工程进度，同时减少了吊次及高空焊接量。

3）对于外墙板施工，根据设计图纸的变化更新，及时更改墙面檩条及外墙板的排布。

（2）提前做好施工推演

对于钢屋架吊装，要提前将结构进行加工及吊装单元划分，对吊重、吊装机械及周围邻近建筑的施工情况进行施工推演，确保万无一失。

4.4.8 交通组织管理技术

1. 交通组织规划

本项目结合项目自身特点、设计图纸及管理分工，对现场交通组织进行统筹管理，结合场内施工区域划分及运输参与主体类型及多寡，按照区域负责、靠前指挥的原则进行管理。在管理过程中，坚持对交通组织进行动态管理，及时针对重、难点问题环节进行调整，最终保障各类物料均能及时输送到各自施工区域，为工程的顺利竣工奠定了坚实的基础。

（1）交通组织重难点分析

现场交通组织从时间上来说可以分为以下三个阶段：以混凝土泵车、搅拌车为主的基础施工阶段；以汽车起重机、小型货车为主的箱式房吊装阶段；以汽车起重机、道路、土方施工机械为主的装修及市政施工阶段。各阶段交通组织各有特色，特别是工序搭接期间，交通压力急剧增加，更是对现场交通组织的考验。其中，基础与箱式房吊装搭接阶段的交通组织难度尤为巨大。

（2）出入口规划

本项目施工区域共分为 A~J 区域，利用三横三纵 6 条平交道路进行分隔，场区南侧紧邻东坝大街，东侧为金榆路，西侧为内部道路。其中，东坝大街、内部道路可进出车辆，项目紧紧围绕提效率、保通畅的原则规划道路出入口，拟定在东坝大街一侧结合设计道路开设 3 处出入口，提高物资进场效率，在内部道路开设 1 处出入口，缩短存料去物料进场的运距及等待时间。在全力构建内部循环道路体系时，建设方积极同交通管理部门进行沟通，最终在保证东坝大街正常交通运行的前提下，争取到现况道路最外侧车道作为现场车辆专用通道，并设置锥桶进行隔离，极大地保障了外部交通运输的通畅和稳定。

项目部结合出入口和道路情况在每处出入口处均设置 3~5 名安保人员，以维持出入口处的交通秩序，并做好进出场登记管理，同时设置 20 人的流动岗负责对场区周边社会道路进行不间断巡视，同时对 6：00~9：00、16：00~20：00 等早晚高峰期间加派人手疏导场区各类设备车辆，降低因运输司机违规加塞等造成的交通拥堵。

内部道路管理分为两级管理，一是区域周边管理，各单位安排专人负责协调组织，施工期间不间断对现场区域周边道路进行巡查，协调解决交通拥堵问题，及时处理因交通引起的纠纷，区域内部则由区域负责单位全面自治，以不影响区域周边、场内、场外交通为原则，自行解决所负责区域内部的交通组织问题。

（3）车辆调度规划

车辆调度规划始终围绕为下一步工序开创更多施工作业面，保证人、机、料高效运转的目的开展，在各阶段，交通管理组织协调部门要加强对施工现场的巡视检查，同生产组织管理人员进行细化沟通，实时调整出入口车辆管控、疏导侧重点。比如，在基础施工阶段，不仅可以给人员持续供应充足的区域物料、设备，还可兼顾其他人员暂时不足的区域，并重点加强对人员不足区域的巡查，及时调整供应思路，保障供应充足。

在工序搭接阶段，更要统筹兼顾前、后两个工序的进展，更侧重前一阶段，尽快为后续施工开拓更多的作业面。

在道路面层施工阶段，对车辆调度控制思路有所调整，该阶段紧紧围绕保证面层施工开展组织调度，必要时，需强制封堵临时道路，为道路面层施工创造条件。面层施工完成后，能够提高现场运输效率，降低不利天气因素对施工的影响，提高现场交通组织管理容错率。

（4）区域管理规划

场内区域交通管理主要围绕保障物料运距长、运输难度大的区域开展，主动调节出入口处不同区域物料运输车辆进出，运往 H、I、J 等区域的各类运输车辆优先进入现场，防止因物料跟进不及时而出现人员降低工效甚至窝工的情况。应加强关注出入口周边区域，减少场内存车，防范因大量停放车辆而发生出入口、主干道交通拥堵的状况。

在此次交通组织过程中，除遵循上述规划，并严格落实、实时进行细部调整外，还本着区域负责、靠前指挥的总体要求，具体开展交通组织工作。

区域负责：根据现场划定的施工区域，各单位具体负责本区域及周边道路的交通疏导工作，24h 安排专人进行交通指挥管理，为提高管理效率，各单位指定一名副经理负责总体协调本区域内及周边交通疏导工作。

靠前指挥：指挥部安排安保人员分三班对 4 处出入口处交通进行疏导，明确专人负责总体协调，组织 70 人次保安进行每日交通疏导，对于交通压力大的东坝大街与金榆路交叉口处，加派人手延伸疏导管理至金榆路，确保道路通畅。在大宗物料集中进场期间，要求相关单位安排人员到出入口处配合引导，通过分散进入、错峰进入等措施有效缓解东坝大街的交通压力，高峰期现场累计组织交通疏导人员约 120 人。

2. 应急管理

在交通组织过程中，重点关注突发事件特别是场外交通拥堵，并制订了有针对性的应急预案。在处理过程中，围绕外分内疏、双管齐下的原则开展疏堵工作。得益于出入口管理的统一，和三纵三横主干路的整体规划，场内交通的抗压能力较强，一旦因发生拥堵而影响到外部交通，第一时间采取以下措施进行处理：一是出入口处暂停任何车辆进入，留足离场车辆通道，便于车辆离场；二是对场内交通进行全面摸底，研判主要拥堵点位和周边交通压力小的道路通畅程度；三是根据场内交通拥堵情况对场外车辆特别是等候车辆进行分流处理，引导运输车辆流动起来或临时停靠至物料暂存场地，缓解外部道路路面的交通压力；四是对拥堵点及受影响的道路，借用区域管理单位交通协调力量进行综合系统的疏导，优先导出场内卸货完成的车辆，减少场内积存车辆总数，逐步缓解场内交通压力，最终恢复通畅交通。根据此次施工经验，早晚高峰是拥堵的高发时段，特别是模块化箱式房施工阶段，因为运输车辆体积和长度均较大，对邻近车道影响较大，导致拥堵发生概率也相应增大，是需要重点关注及管理的环节。

3. 案例分析

C区位于场区的东南角，紧邻两条纵向道路，在箱式房吊装作业期间，由于厂家自身原因，使用长为17.6m的拖挂货车运送材料，受场地所限，每次车辆倒车入位均需15min以上，道路通行压力大时倒车时间还会延长，吊装时间则仅需5~10min，每辆拖挂货车从进场到出场平均需要1h，大大降低自身施工效率，由于其地处交通要冲之地，也对内部区域交通运输造成极大的影响和制约，进而使得总体施工效率降低，甚至影响到东坝大街外埠交通环境。针对这一情况，采取了以下措施：一是要求C区供货商更换货运车辆，杜绝17.6m拖挂货车进场，利用现场西侧材料存放区进行物料周转，将箱式房转移至小型货车后进场；二是要求C区作业单位人员靠前指挥，安排专人到出入口处指挥引导交通，内部加派人手在拟停车区域出入口处进行交通疏导；三是制订奖罚措施，对违反指挥部要求进入施工现场的拖挂货车处以5000元/车的罚款（表4.4-9）。

表4.4-9　运输车辆效率对比表

项目	小型货车 （4.2m/6.8m斗长）	大型货车 （拖挂17.6m长）
场内运距	约1000m	约300m
运输时间	5min	10min
停车时间	2min以内	约15min
吊装时间	2min	5~10min
出场时间	5min	20min
运输数量	箱式房1间	箱式房3间
连续作业每小时安装数量	25~30间	6间

4. 小结

结合本次交通组织，有以下几点经验：

（1）在具备条件的情况下，可以考虑提前开始市政管线施工，甚至是完成路面基层的施工。这样做可以有效降低钢结构施工、外墙装饰、室内装修阶段的交通压力，同时可以提高现场道路抵御降雨等不利天气因素的能力。

（2）应加强大宗物资的进出场管理工作，围绕保障总体进度的目标，细化大宗物资集中进场期间的出入口管理工作，在出入口处对物资进行分拣，根据使用部位分散运输路径，降低交通压力。

（3）在道路施工阶段，要做好道路交通临时调整的相关措施。在道路施工阶段，由于涉及临时断路会对场内环形交通造成极大冲击，为减少断路时间，应提前做好施工用方案、设备、物资等准备工作，明确断路施工时段，在指挥部的统一协调下，尽快完成道路的施工。

第5章
机电工程设计及施工技术

5.1 暖通空调系统设计

5.1.1 工程特点

完善的通风空调系统是确保隔离点满足防疫功能的重要举措。结合本项目"建设体量大、建设标准高、施工难度大、施工工期紧"的特点，本着"满足防疫、平疫结合、造价控制、快速建造"的实施原则，暖通专业在满足防疫功能要求的前提下，在系统设计上尽量做到系统方案简单、设备选型统一、管线布置规律、施工快速高效，主要体现在以下几方面。

1. 暖通设备统一选型规格

考虑到快速建造的要求，在满足防疫功能及舒适性的前提下，本项目尽可能减少暖通设备材料规格，优化系统设置。本项目隔离单元、卫生通过区均采用标准化、模块化设计，根据楼栋规模及房间数量提前规划排风系统，保证风机、风管规格尽可能统一，最大限度减少设备、管线、阀门及附件的规格型号，大大提高了项目设备的订货效率及施工速度，确保项目顺利推进。

2. 尽可能采用自然排烟、自然通风设施

在项目方案设计阶段，便考虑暖通专业尽量简化系统，与建筑专业密切配合，尽可能采用可开启外窗进行自然通风、自然排烟。各功能房间、楼梯间、走廊均采用自然通风、自然排烟措施，整个项目仅餐饮中心内走廊、二层内区大会议室及活动区设置了机械排烟系统，大大简化了排烟系统设备及施工工程量。此外，在卫生通过区设计时，与建筑专业反复沟通、调整平面布局，确保每个房间均设置可开启外窗进行自然补风，避免增设新风系统进行机械送风。

3. 设备管线模块化排布

为了提高施工效率，以及给入住人员提供良好的环境，为后期运营提供便利本项目从设计之初就提前规划、统筹考虑暖通设备及管线的排布及美化处理，避免了后期设备管线凌乱无序。例如，针对空调室外机及冷凝水管结合箱式房的特点，提前规划位置，并进行美化遮挡，室内管井提前布局，屋面风机及风管结合坡屋顶综合排布，为项目最终的整体效果呈现打下坚实的基础。

4. 采用分散空调，便于采购及施工

考虑项目体量大、工期紧的特点，暖通系统尽量采用简单的形式，材料及设备易于大量快速采购，安装简单快速，并可以批量化施工推进。隔离组团各房间、医护人员办公区等大量采用冷暖型分体空调系统形式，空调选用常规的规格和型号，利于从市场上大量采购现货，从而保证项目的快速推进。

5.1.2　空调系统

隔离区各房间、医护人员宿舍均采用带电辅热的分体式空调，室外机设置于外墙挂装，新风采用外窗自然通风，平面图如图5.1-1所示。

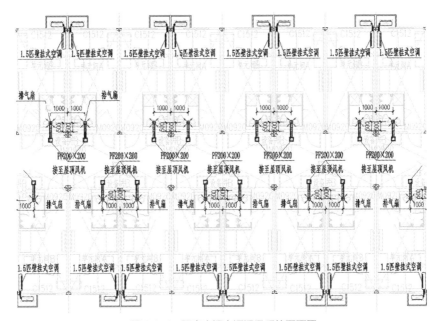

图5.1-1　隔离房间空调通风系统平面图

集中收集隔离区、卫生通过区的空调冷凝水后，间接排至室外排水系统，统一进行消毒处理。现场施工照片及系统图如图5.1-2、图5.1-3所示。

图5.1-2　隔离房间空调冷凝水现场照片

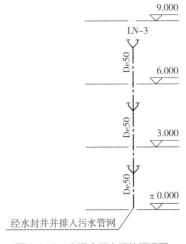

图5.1-3　空调冷凝水系统原理图

配套办公用房等区域采用带电辅热的分体式空调，新风采用外窗自然通风。

餐饮楼大空间、综合办公楼开敞办公区等采用多联式空调和新风换气机的组合，多联机室外机设于综合办公楼屋面。

5.1.3　通风系统

隔离区卫生间均设置机械排风系统：隔离房间内的卫生间各设置一台防逆流排气扇，风量为 $120m^3/h$，通过排风竖井接至屋面高效排风机。每个卫生间排风支管上设置止回阀，屋面高效排风机设粗、中、高效过滤器，系统原理图及 BIM 布置图如图5.1-4~图5.1-6 所示。在隔离房间使用期间，卫生间排气扇、屋面集中排风机 24h 连续运行。

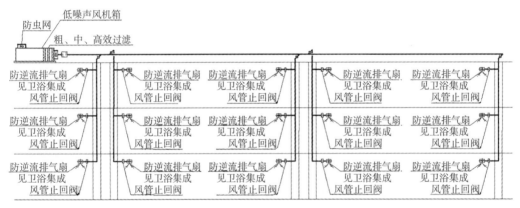

图 5.1-4　隔离房间排风系统原理图

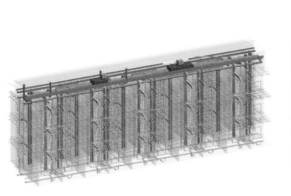

图5.1-5　隔离房间排风系统 BIM 图

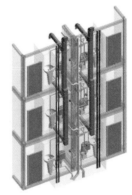

图5.1-6　竖井 BIM 布置图

隔离单元的走廊采用自然通风。

脱防护服房间设置机械排风系统的换气次数不小于 20 次 /h，室内排风口设在房间下部，室外排风口高于屋顶高空排放，排风机组设粗、中、高效过滤器。现场安装示意图如图 5.1-7、图 5.1-8 所示。

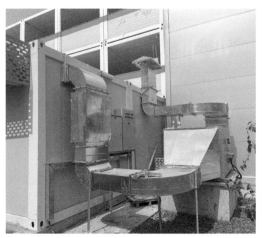

图 5.1-7　卫生通过区排风设备　　　　图 5.1-8　脱防护服房间下排风

排风机设置过滤器压差监测及报警，更换下来的过滤材料按医疗废物进行处理。

医务人员宿舍、综合办公楼、餐饮中心、物资储备中心及配套附属用房内的卫生间均设置排风系统，换气次数不小于 10 次/h。

餐饮中心燃气表间、厨房等设置事故通风，换气次数不小于 12 次/h，在操作间、燃气表间设置燃气检测报警系统，一旦发生泄漏事故，自动开启事故排风机，并在室内外便于操作的地点分别设置事故排风机手动控制开关。

消毒库、回洗间、物资存储中心和加氯间设置独立的排风系统。

5.1.4　防排烟系统

1. 自然排烟

考虑此项目隔离区为箱式房建筑，室内净高有限，且工期紧张等因素，尽可能采用自然排烟及自然通风系统，减少安装风管及设备。

隔离组团各楼栋、医护人员宿舍楼内的敞开楼梯间穿楼板的开口处均设置挡烟垂壁，挡烟垂壁的高度为 500mm，现场安装示意图见图 5.1-9。内走廊均采用自然排烟，在走道两端均设置面积不小于 $2m^2$ 的自然排烟窗（图 5.1-10）。对于设置在高处不便于直接开启的可开启外窗，应在距地面高度为 1.3~1.5m 的位置设置手动开启装置。

综合办公楼、餐饮中心的封闭楼梯间均采用自然通风的防烟措施，每 5 层设置有效开启面积不小于 $2m^2$ 的外窗，且在最高部位设置面积不小于 $1.0m^2$ 的可开启外窗或开口。对于设置在高处不便于直接开启的可开启外窗，在距地面高度为 1.3~1.5m 的位置设置手动开启装置。

图 5.1-9　楼梯间挡烟垂壁　　　　　　图 5.1-10　走廊两段自然排烟窗

餐饮中心有外窗的房间均采用自然排烟，储烟仓内有效开启外窗的面积不小于地面面积的 2%，并在距地面高度 1.3~1.5m 处设置手动开启装置。

综合办公楼、物资储备中心及接待登记中心均采用自然排烟。

2. 机械排烟

在不满足自然排烟条件的餐饮中心内走廊、二层大会议室及活动区，设置机械排烟和自然补风系统。排烟风机设置在二层专用机房内。

5.1.5　燃气系统

本项目气源为西侧道路上的 DN300 中压 A 燃气管线，从该管线开口引 DN200 管线，向东敷设至项目红线内，新建一座调压箱，经调压箱调压后，为餐饮中心楼供气。

厨房内的用气设备带有熄火保护装置。用气房间设置燃气浓度监测报警器，并设置独立的机械送排风系统。

5.1.6　消声与隔振

在箱式房屋面加设钢结构平台，作为隔离楼屋面高效排风机组的基础，并设置橡胶减振垫，以减小噪声和振动对隔离房间的影响。

在平时通风机进出口设软接头，软接头采用不燃材料。

5.1.7　监测与监控

对于高效排风机的监测，设置过滤器压差报警、风机故障报警。

事故通风机在房间内外便于操作的地点设控制开关。

5.2　给水排水系统设计

5.2.1　工程特点

本项目为应急抢险工程，项目定位为集中隔离观察点，具有建设体量大、建设标准高、施工难度大、施工工期紧的特点。针对快速建造的防疫应急项目，工程主要从"满足防疫、平疫结合、造价控制、快速建造"四个方向精心设计，系统设计须降低隔离区、卫生通过区可能存在的病毒外溢，避免交叉感染；从设计角度充分考虑平疫结合转换，为运营模式的快速转换提供保障；优化系统设计及材料选择，控制造价，并提高建造速度。本项目给排水系统的设计特点主要体现在以下几方面。

1. 给水排水系统采取多种措施满足防疫要求

生活给水系统在隔离区和卫生通过区引入管设置倒流防止器，生活热水系统按隔离单元单独设置。隔离房间的排水系统采取防止水封破坏的技术措施，伸顶通气立管出口处设置高效过滤设施。隔离区与工作准备区的污、废水分别设置独立管网收集排放，隔离区污水处理采用二级加强消毒处理，污染区空调冷凝水间接排放，排至污水管网进行消毒处理。

2. 隔离房间设置给水独立计量满足平疫转换功能

为了更好地实现平疫转换，隔离房间的卫生间管道井均设置在走廊箱内，各房间给水排水立管及水表设置在管道井内，便于后期运营维护及计费，管井如图 5.2–1、图 5.2–2 所示。

图 5.2–1　走廊内竖向管井　　　　　　　图 5.2–2　竖向管井内部

3. 优化管道设计实现快速建造

给水干管布置优化设计方案如下：低区干管布置在箱式房基础管廊内，高区干管布置在屋顶管廊内，保证室内净高要求，同时满足快速施工及检修需求。

优化给水管材，采用塑钢给水管卡箍连接代替塑料管道热熔连接，在基础管廊和屋面管廊内便于快速连接安装。

5.2.2 给水系统

1. 给水系统

本项目建筑物水源为城市自来水，供水采用双路水源供水，分别从西侧及南侧各接入一根 DN200 市政自来水管道，引入本工程用地红线内，作为生活和消防水源，经总水表井（内设倒流防止器）后布置成环状管网向本工程供水。

经综合考虑周边市政给水压力的具体情况以及防疫的要求，给水系统分为两个区，首层为低区，由室外市政给水管网直接供水；二层及以上为高区，由全变频恒压供水设备和生活水箱联合供水。为满足室内净高要求和方便施工及检修，低区给水干管设置在箱式房基础管廊内，高区给水干管设置在屋顶管廊，采用塑钢给水管方便快速连接。给水立管设置在走道的管道井内，各房间给水管设置水表便于日后非疫情期间运营计量。管廊内给水干管如图 5.2-3、图 5.2-4 所示。

图 5.2-3　屋顶管廊给水干管　　　图 5.2-4　基础管廊给水干管

2. 热水系统

生活热水系统按隔离单元采用电热水器形式单独设置，满足防疫功能和快速建造需求。

3. 计量系统

按用途设置用水计量装置：生活给水泵房、消防给水泵房、厨房、绿化给水总引入管设置水表计量。每个隔离房间给水引入管设置水表计量，满足平疫转换后的计量需求。

5.2.3 雨、污水系统

1. 雨水系统

为解决集装箱顶板施工中易破损漏水的问题，在屋顶机电设备以上设置了金属坡屋面，雨水由坡屋面自由散排。

2. 室内污水排水系统

（1）系统设计

室内排水系统采用污废合流系统，隔离房间的整体浴室内各卫生器具经排水支管接驳汇总至走道管井内的排水立管，然后由敷设在正负零以下基础管廊内的排水干管排至建筑两侧排水检查井内。首层的排水支管单独设置，并接驳至夹层的排水干管上；管井内的排水立管设置在管井门位置，便于开门检修；首层楼梯间设置了通向基础夹层的检修口，便于后期运营维护检修管线。

（2）防疫要求

1）排水系统采取防止水封破坏的技术措施，防止因管道内的有害气体和气溶胶溢出而污染环境；除自带存水弯的坐便器外，其他卫生器具在排水口以下设存水弯；水封装置的水封深度不得小于 50mm，有水封地漏见图 5.2-5。

图 5.2-5　有水封地漏

2）通气系统：卫生通过、隔离房间均采用伸顶通气立管伸出屋面后合并引至远离新风取风口的位置，出口处均须设高效过滤设施。高效过滤材料需定期更换，更换下来的过滤材料按医疗废物进行处理。伸顶通气管高效过滤装置见图 5.2-6，排水系统原理图见图 5.2-7。

3）污染区空调冷凝水间接排放，经水封井排入污水管网（图 5.2-8）。

4）必须对污染区对外弃置的粪便、呕吐物和污、废水进行杀菌消毒，不得将固体传染性废物、各种化学废液弃置和倾倒排入下水道，严禁未经消毒处理或处理未达标的隔离区污水、污物直接排放。垃圾污物暂存处设置洗消设施。应将洗消废水排入污水系统，与其他污染区排水至二次消毒池消毒。

图5.2-6　伸顶通气管高效过滤装置

图5.2-7　排水系统原理图

图5.2-8　冷凝水水封井

5.2.4 消防系统

1. 消防水源

室外消防水源为城市自来水，供水采用双路水源供水，分别从西侧及南侧各接入一根 DN200 市政自来水管道引入本工程用地红线内，经总水表井（内设倒流防止器）后布置成环状管网供水。

2. 消防水池、消防泵房及消防水箱

1）本工程消防给水系统设有室内消火栓系统、室外消火栓系统及自动喷水灭火系统，室内消防水量由消防泵房及消防水池供给，消防水池贮存室内 1 次消防水量，消防水池实际总有效容积为 216m³。

2）消防泵房内设有 2 台室内消火栓泵、2 台自动喷淋加压泵，并设置消火栓增压稳压设备和自动喷淋增压稳压设备。

3）综合服务楼屋顶设消防水箱间，消防水箱间内设 1 座有效容积为 18m³ 的消防水箱。

4）消防泵房及屋顶水箱间均设有通风设施及供暖设施，供暖温度不低于 5℃。消防水泵检修起重设备采用电动葫芦及可拆装移动式龙门吊架。消防水泵房如图 5.2-9 所示。

3. 室外消火栓系统

室外消火栓系统由市政自来水管网直接供水。室外消防用水量为 30L/s。

4. 室内消火栓给水系统

1）室内消火栓系统采用临时高压给水系统，平时压力由屋顶消防水箱及消火栓增压稳压设备保持，消防时由消火栓加压泵满足。A1 综合服务楼、A2 餐饮中心、A3 物资存储中心设置室内消火栓系统。

2）消火栓管道为环状布置，并在环管及立管设置检修阀门。

3）消火栓采用暗装的形式，室内消火栓如图 5.2-10 所示。

图5.2-9　消防水泵房　　　　　　　　图5.2-10　室内消火栓

5. 自动喷水灭火系统

1）A3 餐饮中心，除电管井及不宜用水扑救的部位不设喷头外，其他场所均设自动喷淋系统保护，采用中危险 I 级自动喷淋湿式系统。

2）自动喷水灭火系统采用消防水池、消防泵、高位水箱联合供水方式，平时系统压力由自动喷洒系统稳压装置稳压。

6. 消防软管卷盘

针对箱式房的特点，设置了加强消防措施。隔离区、A5~A8 工作人员用房室内设置消防软管卷盘，设置真空破坏器，保证任一点均可有一股水柱到达。

7. 厨房设备灭火装置

餐饮中心总面积超过 $1000m^2$，厨房内均考虑设厨房设备自动灭火装置。

8. 灭火器配置

厨房按照严重危险级 B、C 类火灾配置贮压式磷酸铵盐干粉灭火器，其余区域按 A 类火灾严重危险级配置磷酸铵盐干粉灭火器。

5.3 电气工程设计

5.3.1 工程特点

结合本项目"建设体量大、建设标准高、施工难度大、施工工期紧"的特点，本着"满足防疫、平疫结合、造价控制、快速建造"的实施原则，电气工程设计在系统设计上尽量做到供电方案经济合理，箱式房产品标准化，桥架及管线隐蔽安装，采用无线产品施工快速高效，平疫转换满足运营需求，主要体现在以下几方面。

1. 近远期结合，确定快速、经济的供电方案

项目采用室外箱变的配电形式，铠装电缆直埋的敷设方式，既可降低造价，又便于快速实施。

2. 设计提前筹划，箱式房加工前明确预制标准

在箱式房订货前，综合各箱式房厂家技术参数及特点，提前明确箱式房内配电箱的安装位置及开关技术参数，统一电线截面规格及末端点位定位，明确卫生间接地做法，并通过需求单的方式要求各箱式房按需求生产，箱式房吊装完成后经进线接驳后即可投入使用，减少了现场实施工作量，加快了工程进度，避免了现场拆改带来的浪费和工期延误。

3. 优化桥架布局方案，一举多得

将箱式房走廊内常规水平电气桥架调整为走廊两侧管井内垂直敷设，既保证了走廊的净高，规避了走廊箱吊顶的二次拆改，又减少了专业间的施工工序交叉，为后期运营、检修及改造提供了便利。

4. 箱式房电气管线暗敷，提升项目品质

箱式房内电气管线全部采用厂家预制暗敷，预留好总进线接驳口，并将总进线接驳口调整至房间门一侧，既便于布线，又可避免其对外立面的影响，提升了项目品质。

5. 有线无线相得益彰，共保消防安全

箱式房建筑采用无线火灾自动报警及联动系统，对烟雾进行实时报警，并可联动提示人员疏散，提高项目运营的安全性，无线系统简化工程实施难度，兼顾美观，并可与钢结构建筑内部的有线报警系统整合成一套控制系统，实现统筹管理。

6. 近远期结合，满足运营需求

兼顾疫情后的运营，隔离房间采用远传分户计量表，采用集中管理平台对各隔离房间用电情况进行管理。

5.3.2 供配电系统

1. 负荷等级

本项目安防、消防、污水处理、客梯、货梯、走道应急照明、隔离房间集中排风等负荷按二级负荷设计，其他用电设备负荷按三级负荷设计。二级负荷供电回路由两回线路供电在适当位置双电源切换后供电：消防设备在最末防火分区处自动切换后放射供电，客梯、扶梯、隔离房间集中排风系统等在总箱或适当位置处自动切换后放射供电，其余二级负荷由设母联开关的两台变压器后任一段低压母线单回路供电；三级负荷采用单回路供电。

2. 负荷计算

本项目每间隔离房设独立配电箱，经与运营团队沟通，确定近期隔离房间及远期公寓房间内用电负荷主要包括分体空调（带电辅热）、一体化卫浴、照明、普通插座等，参考公寓及住宅用电指标，每户按 4kW 设计；其他功能房间基本采用电采暖分体空调，后勤区中央厨房为燃气厨房，按 500W/m^2 预留电气容量；经整体负荷计算，本项目变压器装机容量为 11200~14000kVA。经与供电部门沟通，若要满足本项目 20d 快速建设的要求，室外箱变重新采购定制时间不能满足工期要求，最终确定利用供电部门现有 6 组 1000kVA×2 室外箱变进行快速实施，可满足项目需求。

3. 供电方案

为确保项目品质，并保证隔离房间数量的要求，电气方案需要避免走廊内设置明装电气桥架，尽量减少配电间对箱式房间的占用。在设计方案阶段，对各单体建筑内桥架路由、配电房间设置进行了方案比选，详见表 5.3-1。方案一、方案二的供电平面示意图见图 5.3-1、图 5.3-2，方案二的供电竖向示意图见图 5.3-3，隔离组团总配电间安装照片见图 5.3-4。

表5.3-1　单体建筑供电方案比选

方案编号	方案主要内容		方案优点	方案缺点
	配电房间	桥架路由		
方案一	每层1个	水平走廊内	布线方便，节省线缆	走廊吊顶低，施工交叉多，占用房间多
方案二	首层1个	先垂直至屋面，水平走屋面管线层，支线走垂直管井	不占走廊净高，管线检修方便，减少占用房间	线缆用量稍大

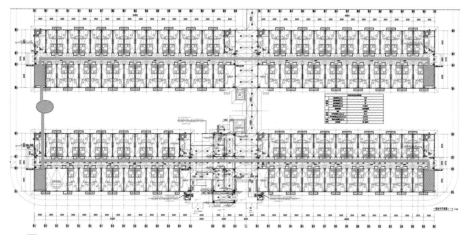

■ 支叉总配电间

● 室外箱变

━ 供电路由

图5.3-1　方案一的供电平面示意图

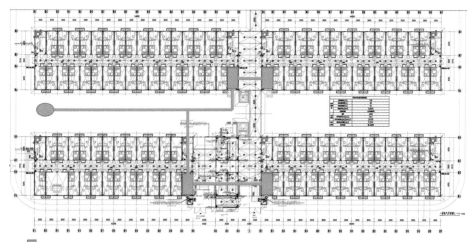

■ 支叉总配电间

● 室外箱变

━ 供电路由

图5.3-2　方案二的供电平面示意图

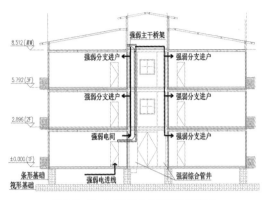

图5.3-3　方案二的供电竖向示意图

图5.3-4　隔离组团总配电间安装照片

4. 功能需求设计

考虑近远期计量需求，在市政进线处设置高压数字计量表，在单体总配电柜进线侧设置数字计量表，在总配电柜内至每个隔离单元房配电回路设置集中远传数字电表，便于远期作为公寓时可以在后台进行管理。

为了提升项目品质、方便运营，隔离组团内每层走廊两端为保洁或 AI 机器人预留两组 10A 五孔插座，隔离组团缓冲区附近走廊为医护对讲机预留两组 10A 五孔插座。结合箱式房的特点，在布草间、送餐间、快递间、垃圾间等标准箱式房的四周柱脚为室内电气设备预留三组 10A 五孔插座和一组 16A 空调插座。箱式房内功能插座预留位置见图 5.3-5、图 5.3-6。

图5.3-5　预留厨宝插座

图5.3-6　预留紫外线消毒灯插座

5.3.3　照明系统

1. 普通照明

灯具选择：采用 LED 或节能型光源灯具。隔离房间内采用暖光源，灯具色温 3000K；走廊区域采用中性光源，灯具色温 4000K；设备用房采用冷光源，灯具色温 6000K。机电设备用房等场所采用控罩式灯具，潮湿场所采用防水防尘灯。

控制方式：楼梯间采用声光控制灯具的开关；隔离房间、设备机房及公共走廊照明采用就地开关控制。

2. 应急照明

系统选择：采用 24V 集中电源集中控制型应急照明和疏散指示系统，主机设置在消防控制室内，系统连续供电时间不少于 30min。疏散标志灯平时处于节能点亮状态，疏散应急照明灯平时灭灯，火灾时点亮全部应急照明灯具。走廊、大厅、安全出口等处设置疏散指示灯及安全出口标志灯。标准层走廊疏散照明图如图 5.3-7 所示。

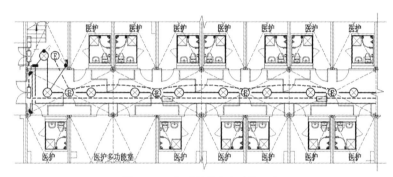

图5.3-7 标准楼层走廊疏散照明

5.3.4 防雷接地系统

接闪器：隔离建筑利用钢制金属屋面做接闪器，对其他无金属屋面的建筑，在屋面女儿墙处敷设镀锌圆钢或镀锌扁钢，并形成网格作为接闪器。

引下线：钢结构建筑利用钢结构柱做防雷引下线，集装箱建筑利用钢结构外框做防雷引下线，并利用热镀锌扁钢，将集装箱水平及竖向钢框架之间进行可靠焊接，钢框架下端与基础接地装置焊接或螺栓连接，焊接处应补涂防腐剂。

接地装置：钢结构单体利用结构底板主钢筋焊接成环，并与柱墩结构主钢筋可靠焊接；箱式房优先利用基础筏形及条形基础内钢筋网连接进行接地，仅有结构基础筏板的利用筏板主钢筋进行接地，无基础筏板的采用人工接地极；当自然接地装置接地电阻不满足要求时，应补打人工接地装置。

等电位接地：每个单体建筑的电源进线处设置总等电位接地箱，所有进出建筑物的金属管道、各设备机房内的接地扁钢或局部等电位端子箱均与总等电位接地箱连接。有淋浴的卫生间、厨房操作间内设置 LEB 箱，就近利用结构墙柱内主筋或钢柱与接地网可靠连接。强、弱电井内接地干线用热镀锌扁钢与接地网可靠连接。

5.3.5 火灾自动报警系统

考虑项目工期及结构的特殊性，钢结构建筑采用有线形式的火灾自动报警及联动控制系统，箱式房建筑均采用无线 LoRa 火灾自动报警及联动控制系统，可以规避箱式房内部巨大的火警系统配管及接线的工作量，减少机电工期对总体工期的影响。

系统通过设置在综合楼消防控制室内的消防控制主机实现有线火警和无线火警系统的互通互联，并与每个隔离组团内设置的就地消防报警主机通过光纤通信，通过报警总线对无线网关直至末端探测器进行监控。经过现场对无线网关进行布置及信号实测，每个无线网关可覆盖整栋建筑，连接 200 多个无线消防点位。

当箱式房内发生火灾时，通过 Lora 无线网络将火灾报警信息传送至消控室内报警主机，联动控制主机可以通过无线网络对单体内的消防联动控制设备进行联动控制，实现消防切非、门禁解锁、电梯归首、声光报警等功能。消防电源监控系统、防火门监控系统、电气火灾监控系统均采用有线、无线相结合的组网方式，实现后台数据同步传输与显示，火灾报警系统无线探测器及无线网关安装示意图见图 5.3-8、图 5.3-9。

图5.3-8　火灾报警系统无线探测器　　　　　图5.3-9　火灾报警系统无线网关

5.4　智能化系统设计

5.4.1　工程特点

关于智能化设计，在满足防疫要求的基础上，结合本项目"建设体量大、建设标准高、施工难度大、施工工期紧"的特点，本着"满足防疫、平疫结合、造价控制、快速建造"的实施原则，在系统设计上通过智能化和信息化的手段加强对隔离人员的防疫和健康管理，通过新技术及新设备的应用保障项目的快速实施，主要体现在以下几方面。

1. 智能化手段全方位强化防疫管理

采用多种技术手段对隔离人员进行强化管理：视频监控采用高清网络摄像机，重点区域监控无死角，特殊区域实现现场与中控实时对讲，实现实时监控防疫安全管理，随时追踪历史数据，安全管理无遗漏；隔离病房无线门磁报警时刻监视门开启状态，保障隔离病区管理安全；隔离房间首层窗户设防跳窗的入侵报警装置，防止隔离人员破坏。

2. 信息化手段助力隔离人员健康管理

隔离病房、医护工作区和指挥中心均设无线可视对讲系统，实现分级管理，医护面诊、检测实现无接触服务，规避人员接触的防疫管理风险。

3. 新技术、新设备应用保障项目快速实施

项目实现5G、Wi-Fi无线信号双覆盖，消防报警、可视对讲、隔离门磁、物联网设备等均采用无线接入，现场部署灵活，技术功能新颖，业务拓展丰富，并为后期机器人等设备扩展预留条件。

5.4.2　视频监控系统

监控点位：采用数字全网络架构，主机设在消防控制室，通过光纤至单体楼内设交换机，交换机至末端监控点位采用超五类非屏蔽双绞线。根据防疫要求，公共走廊、出入口门厅、"一脱"、"二脱"、快递存储间、垃圾房、电梯厅、轿厢内、室外场区等区域设置监控摄像机，重点区域实现监控无死角，达到疫情防控可溯源的目的。

监控中心：在综合楼设总指挥中心、分指挥中心和组团内设监控站，可以实现总指挥中心、分指挥中心、组团监控站的分级分权限管理，在大屏上实现各自管控区域内各系统运行数据及监控图像的显示与查看，进行统一指挥和调度。各级监控中心详见图5.4-1、图5.4-2。

监控摄像机选型：采用球型一体化摄像机、枪式摄像机、半球摄像机相结合的方式，球型摄像机采用AC220V供电，其余摄像机采用POE供电。"一脱"、"二脱"处的摄像机带拾音功能，可实现现场与医护工作站实时通话，见图5.4-3、图5.4-4。

图5.4-1　园区总指挥中心　　　　　　　　图5.4-2　分指挥中心

图5.4-3　组团监控站

图5.4-4　带拾音功能监控

5.4.3　网络系统

本项目的网络系统分为办公网、设备网和运营商网络，办公网采用二层网络架构，监控网采用三层网络架构。网络系统支持语音、数据、图文、图像等多媒体业务的需要，并与外部通信网络相连接，提供各种网络通信服务。

办公网：主要用于 Internet 办公、通信接入，采用运营商专线。办公区按照办公桌设置信息点位，每个工位设 2 个信息点和 1 个数据语音点；会议室按家具布置方式来设置信息点位，隔离组团入住办理处设置 1 组信息点位；各会议室设置 1~2 个无线 AP 点，公共走廊按照 20~25m 半径设置无线 AP 点。

设备网：主要用于接入视频监控系统、门禁系统及远传抄表系统。安防控制室内设置核心交换机，每个组团设置一台汇聚交换机，组团内按楼栋设置接入交换机。

运营商网络：主要用于有线无线网络及电视电话接入。隔离区内电视、可视对讲、无线网络采用运营商光纤统一接入方式，实现 5G、Wi-Fi 双覆盖，为后期向出租公寓的转换提供网络基础条件。

5.4.4　无线可视对讲系统

隔离组团内设置无线可视对讲机，利用运营商无线网络组网，实现与医护工作站、指挥中心之间的视频对讲功能，平时可作为可视电话使用。医护人员可远程指导隔离人员执行防疫措施，同时，隔离人员可以向工作人员咨询相关问题，实现无接触防疫管理，无线可视对讲分机见图 5.4-5、图 5.4-6。

图5.4-5　隔离房间无线可视对讲分机　　　　图5.4-6　医护工作站无线可视对讲分机

5.4.5　无线门磁报警系统

隔离单元门设置无线报警门磁系统，利用运营商无线网络组网。当隔离单元的门被打开后，门磁报警，并将报警信号上传至医护工作站，提醒工作人员有隔离人员外出。隔离组团隔离房间无线门磁报警器及报警界面见图5.4-7、图5.4-8。

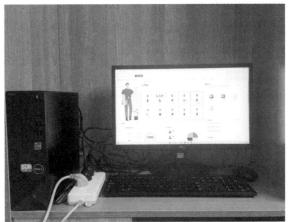

图5.4-7　隔离房间无线门磁报警器　　　　图5.4-8　医护工作站无线门磁报警界面

无线门磁报警装置采用背胶固定型产品，当转换为平时功能时，可随时取下，不致于破坏墙体及门框。

5.4.6　门禁系统

门禁系统采用分布式体系结构，各区域控制器采用 TCP/IP 协议与门禁服务器之间建立相互通信。

门禁系统管理的标准由管理服务器、工作站、网络型门禁控制器、读卡器、电控锁、出门按钮、卡片等部分组成。

在垃圾站、快递间及其他防控要求的位置设置门禁，并采用无接触的方式控制门的开关，减少人员接触，降低疫情传播的风险。

5.4.7 入侵报警系统

为了防止隔离人员私自通过隔离窗户离开，隔离组团每栋楼体外侧首层设置激光对射装置。当隔离人员通过隔离窗户离开房间时，报警系统可以及时探测相关信息，并提示医护人员查看相应区域的监控进行确认，避免发生疫情扩散的风险。

5.4.8 远传电表计量系统

每间隔离用房均设置预付费无线远传计量电表，利用运营商网络将数据传至主机。计量功能在疫情使用期间不启用，仅在后续转换为出租公寓阶段启用，可实现每户单独计量收费。

5.5 园区市政设计

5.5.1 工程特点

本工程具有建设体量大、建设标准高、施工难度大、施工工期紧的特点，园区市政主要从"满足防疫、平疫结合、造价控制、快速建造"四个方向精心设计，市政工程在系统设计上尽量做到道路永临结合，确保施工期道路畅通，采取多种措施满足防疫要求，优化管线排布节约工期，采用快速施工的材料及工艺等，主要体现在以下几方面。

1. 道路永临结合，确保施工期交通畅通

本工程箱式房吊装工程量大，园区市政管线错综复杂，吊装时道路的占用与园区市政管线交叉施工组织是保障项目按期完工的重要因素。在设计园区道路及市政管线时，需采取以下措施，确保现场箱式房吊装期间园区道路通畅：

1）提前确定园区道路轮廓及标高，现场施工用道路与园区正式道路相结合，以避免管线施工时频繁开挖路面对施工道路的影响。

2）园区道路下方不敷设平行于道路的机电管线，尽量将其布置在绿化带及人行道下，横跨道路管线提前预留过路套管，道路施工一次成活，规避道路开挖对工程建设的影响。

2. 室外给水排水系统采取多种措施满足防疫要求

生活给水系统采取防止回流污染的措施；独立设置隔离区域污水系统，通过设置水封及密闭井盖系统防止外溢，污水采用二级加强消毒和补充消毒处理达标后排至出水井，接入市政污水管网。

3. 优化室外管线综合排布，减少交叉施工，节约工期

1）部分区域道路两侧均设置给水排水管线，减少管道与道路的施工交叉，利于各施工队伍协调组织施工，保证工期。

2）各系统阀门井、检查井尽量布置在绿化带及人行道下，非车行道下的雨污水排水检查井可选用塑料检查井，加快施工速度。

3）优化室外园区室外箱式变电站设置位置，充分利用室外连廊下方管廊敷设电缆，减少室外电缆与管线交叉施工的工作量，提高施工效率。

4. 室外管材采用易于快速施工的管材，阀门井及检查井选择易于快速施工的形式

1）室外埋地生活给水管、绿化给水管、压力排水管采用PE100塑料给水管，采用电熔/热熔连接；室外埋地雨污水排水管采用HDPE双壁波纹管，管道等级S8，采用承插连接。

2）阀门井采用混凝土模块阀门井，或采用砖砌阀门井。

3）雨污水排水系统优先采用HDPE塑料检查井（图5.5-1）。位于车行道下的检查井则采用混凝土模块检查井，或采用砖砌检查井。

4）化粪池选择成品玻璃钢化粪池，隔油池选择成品玻璃钢隔油池，利于快速施工（图5.5-2）。

5）室外园区骨干电缆采用铠装电缆直埋敷设，可缩短施工工序，降低施工难度，节约工期。

图5.5-1 塑料检查井（施工中）　　图5.5-2 玻璃钢化粪池（施工中）

5.5.2 室外给水系统

1.系统设计

本工程生活给水水源为城市自来水，生活给水系统分为高、低两个区，建筑首层为低区，由市政给水管网直接供水；二层及以上为高区，由生活给水泵房的水箱水泵联合供水。沿园区道路设置高、低压给水系统。给水管线成环敷设，引出支管为各建筑供水。

绿化给水水源采用市政自来水进行供水，为保障项目的使用，绿化给水按快速取水阀设计，后续预留改造喷灌的条件。在隔离房间空置期，对房间进行消杀时，由工作人员进行绿化灌溉。

2.防疫设计

生活给水系统采取以下防止回流污染的措施。

1）园区进水总管设置倒流防止器。

2）隔离用房进水主管设置倒流防止器，设置位置为建筑地下管廊内。

3）其他用水功能系统接自给水系统，设置倒流防止器。绿化给水系统在园区低压给水接管处设置计量水表及倒流防止器。

5.5.3 室外雨水系统

单体建筑雨水采用外排水。园区内雨水通过雨水口、排水沟收集后，汇集接入雨水管道，雨水管道分区域接入园区南侧市政雨水管网。

道路两侧绿化带每个雨水检查井附近均配置一个单箅雨水口，具体位置现场根据场地情况设在低洼处。绿地内雨水口标高低于相邻人行道铺装完成面标高 0.1m；有地形堆坡和植草沟区域的雨水口标高低于相邻人行道铺装完成面标高 0.3m。

隔离病房各楼栋间的景观绿地根据地形标高设置雨水口，排入园区雨水管网。

5.5.4 室外污水系统

1.系统设计

排水体制为污废合流，雨污分流。隔离区、预留发展用地区及卫生通过区的污废水集中收集后进行处理，之后排放至市政管网。工作准备区其余建筑的污废水独立设置管网收集排放。餐饮中心、厨房等区域产生的含油废水，室外由污水检查井收集，并经过隔油池处理后，再接入园区污水管网。

2.防疫设计

（1）隔离区域污水系统独立设置

隔离区、预留发展用地区及卫生通过区，与工作准备区分设污水管道系统和化粪池。其中，工作准备区设计 1 座 100m³ 玻璃钢化粪池，处理后直接排入市政污水管网；

隔离区、预留发展用地区及卫生通过区共设计 12 座 100m³ 玻璃钢化粪池。隔离区、预留发展用地区及卫生通过区污废水经化粪池处理及消毒系统进行消毒，处理达标后，排至出水井，接入市政管网。园区内污水系统示意图见图 5.5-3。

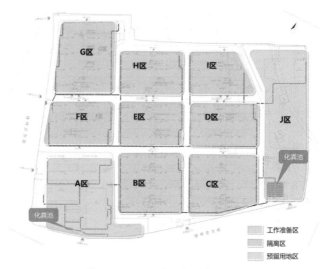

图5.5-3 园区内污水系统示意图

严禁直接排放未经消毒处理或处理未达标的隔离区污水、污物。

（2）隔离区域污水系统密闭设计

隔离区域、缓冲区域排水管道在接入室外消毒单元之前，宜采用全密闭方式敷设。

本工程隔离区、预留发展用地区及卫生通过区污水管网井盖采用密闭井盖。为了保证系统通气，其中部分检查井加装高效过滤装置（图 5.5-4），设置间距不超过 50m。

隔离区、预留发展用地区及卫生通过区化粪池的清掏井盖采用密封井盖，通气管设置高效过滤装置（图 5.5-5）。

工作人员按照使用说明书定期更换净化消毒装置过滤材料，更换下来的过滤材料按医疗废物进行处理，更换过滤材料时，应做好个人防护。

（3）隔离区域废水排放通过水封接入污水系统

本工程间接排放隔离用房、卫生通过区、洗消工作间的空调冷凝水，排入室内地漏，或经室外水封井排入污水管网。大巴洗消区、垃圾暂存区的冲洗排水经水封井排入污水管网。

水封井可防止因污水管道系统内的有害气体和气溶胶溢出而污染环境，水封井详图见图 5.5-6。

（4）隔离区域污废水消毒处理达标后排至市政管网

本工程隔离区、预留发展用地区及卫生通过区污废水经化粪池处理及消毒系统进行

图5.5-4　检查井加装高效
过滤装置

图5.5-5　化粪池通气管设置
过滤装置

图5.5-6　水封井详图

二级加强消毒和补充消毒处理，处理达标后，排至出水井，接入市政管网。

消毒池设置在化粪池之后，采用玻璃钢材质。在园区隔离区域化粪池附近设置加氯间。加氯间设置3套加氯系统，分别向化粪池前端污水检查井、消毒池前端污水检查井进行加氯消毒；另外，对消毒池后端污水检查井进行补充加氯消毒。

利用化粪池前端污水检查井作为预消毒池，消毒池为二级消毒池；消毒停留时间应满足要求。

在消毒池下游污水检查井设置潜污泵，对污水取样，并输送至加氯间，通过设置于加氯间的余氯检测仪检测污水余氯，补充消毒装置根据在线余氯值及时自动调整加药量，保证出水余氯值达标，余氯量（游离氯计）不小于6.5mg/L。加氯间内部加氯装置见图5.5-7。余氯检测装置流通杯见图5.5-8。

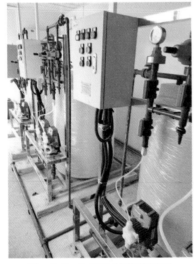
图5.5-7　加氯间内部加氯装置

图5.5-8　余氯检测装置流通杯

3. 污水消毒优化

（1）消毒剂选择更方便适用的次氯酸钠

因市政对于项目排出的污水有余氯含量的要求，项目可选用次氯酸钠等含氯消毒剂或二氧化氯进行处理。但由于二氧化氯不稳定，存在爆炸风险，不能贮存，需选用二氧化氯发生器进行制备，日常需要专业人员进行管理和维护；而次氯酸钠相对于二氧化氯的加药量大，但次氯酸钠消毒系统设备简单，初始投资量小，运行维护比较简单，且药剂价较为低廉。

综合考虑后期运行维护的方便及运营成本，本工程采用次氯酸钠作为消毒剂。

（2）增设自动补充加氯系统

本工程隔离区污水处理采用二级加强消毒和补充消毒处理。除了二级加强消毒，还增设了补充加氯消毒，为污水消毒达标排放提供最终保障。

在消毒池下游污水检查井设置潜污泵对污水取样，输送至加氯间，通过加氯间的余氯检测仪检测污水余氯，根据在线余氯值及时自动调整加药量，将药剂投加至消毒池后端污水检查井，保证出水余氯值达标。

通过在线监测氯值，及时自动调整加药量，节约了运营成本，同时简化了人工操作，提高了运营效率。

5.5.5 室外消防系统

本工程消防水源为城市自来水，分别从西侧及南侧市政自来水管道各接入1根DN200的给水引入管，引入工程用地红线内。室外消火栓系统由室外自来水管网直接供水。

室外消火栓用水量：消防用水量30L/s，火灾持续时间2h，1次消防用水量216m³。在室外低压给水管网布置消火栓，布置间距不大于120m。室外消火栓采用地下式消火栓，与消防车道距离不大于2m，与建筑物外墙距离不小于5.0m，设有明显标志。

综合服务楼、餐饮中心和物资储存中心设置室内消火栓系统，餐饮中心设置自动喷淋系统，以上消防系统由位于综合服务楼的消防水泵房提供水源，经各系统室外消防管道接驳到各单体内。

5.5.6 室外电力系统

1. 高压配电

结合本应急工程装机容量大、负荷等级要求高、建设到发电时间短、项目主体主要为箱式房等特点，项目整体采用室外箱式高配及室外箱式变电站进行供电，由城市电网引入2路10kV高压电源，在园区设置1个10kV总分配室，放射式供电至6组10kV/0.4kV的2×1000kVA箱式变电站，每组箱式变电站低压侧设置母联开关，保证二级负荷采用双路供电，同时每组箱式变电站预留应急柴油发电机组进线临时接驳点供应急接驳，10kV 电缆采用电力管道敷设方式，由电力部门负责设计实施。

2. 低压配电

箱式变电站至各组团单体及室外用电主要采用铠装电缆直接埋地方式敷设，电缆敷设施工（图 5.5-9）。电缆埋设深度为距室外地坪不小于 0.8m，局部与其他管道交叉地段可结合现场实际情况进行适当调整，但不应小于 0.5m。道路下覆土浅处应采用浇筑 C15 素混凝土的措施保证路床的压实度要求。过车行道路处穿热镀锌钢管保护，过路保护管应延伸至道路边缘外 1m，坡度大于 1%；直埋电缆支线间隔 100m、转弯处和接头部位，应竖立明显的方位标志或标桩；电缆进入隔离组团建筑后，沿首层地下夹层地面敷设。电缆穿管后，对外墙管做防水处理，并对夹层外墙进行封堵以保证密闭。

3. 室外照明

园区内道路宽度为 7m，路灯采用 8m 灯杆单侧布置，光源采用 LED150W 光源，灯具外壳防护等级不小于 IP65（图 5.5-10）。室外照明接地采用 TT 系统，室外照明灯具每隔一个重复接地一次 PE 线，并与室外照明配电箱接地分开；所有电气设备、灯具和电气装置金属外壳及 PE 线应连接成一体，并可靠接地，接地电阻小于 4Ω；路灯电缆采用直埋敷设，过路处穿热镀锌钢管保护；室外照明回路采用漏电开关保护，漏电脱扣整定电流不大于 30mA，采用时控模块控制，可根据管理需求按周期设定开关时间。每个路灯及庭院灯设 RL6-25/4A 熔断器，灯杆加检修门并设锁。

图 5.5-9　低压电缆直埋施工现场

图 5.5-10　园区室外照明

5.5.7　通信及智能化系统

园区内的通信及智能化市政工程以通信管道敷设为主，考虑施工方便，室外通信管道井可以采用 HDPE 塑料检查井（图 5.5-11），节省砌筑时间，同时增加现场调整的灵活性，考虑智慧灯杆的应用，将广播及视频监控集成到灯杆（图 5.5-12）。

图 5.5-11 HDPE 通信井的应用　　图 5.5-12 智慧灯杆应用图片

5.6 室内机电安装施工技术

5.6.1 工程特点

本项目建设体量大、建设标准高、施工难度大、施工工期紧,本着"满足防疫、平疫结合、造价控制、快速建造"的实施原则,室内机电施工与常规工程的机电施工相比,其特点主要体现在以下几方面。

1. 安装空间小、涉及专业多、交叉施工多

箱式房室内空间狭小,涉及集成卫浴、箱式房管线、常规水电管线等各专业在同一空间同时作业,需要同时协调各专业完整、周全的流水施工计划,保证施工顺畅。

2. 现场作业面大,安装工期短

项目参与施工单位多,采用分区管理模式,各区域采取流水作业,需要采取统一调配资源、分区有序实施的协调机制,合理安排材料计划、工程进度,保证施工周期最短。

3. 功能、品质要求高

本项目对防疫功能、项目品质的要求高,需要结合疫情防控的技术要求严格落实验评标准,从安装细节到整体系统进行全盘考虑,确保功能和品质达到业主需求。

5.6.2 材料选用与供给

材料的选用与供给直接决定了工程的质量和进度,本工程通过合理选用材料、优化供给管理,保证材料质量、安装质量和总体进度符合施工需求。

1. 材料选用

1）综合工期、质量、供给适应性等进行全面评估、择优选择。

2）给水管选用 PPR 管道及配件，热熔焊接方式可以满足施工快捷性和敷设灵活。

3）排水、透气、雨水管选用胶粘连接、施工速度快的 UPVC 管材。

4）通风系统选用镀锌板材加工。

5）电气干线采用金属线槽，支路采用强度和柔性适中的 JDG 管，以满足快速施工。

2. 材料供给

1）应制订完整准确的材料供给计划，并根据各分区、组团的施工进程分项分批进场。

2）优选预制加工与装配式供给，如工厂预制加工成品风管，成品支吊架、整体式卫浴等，以节省安装时间和加工空间。

3）应根据现场供应计划及时准确地统计、核对材料的消耗情况，并随时调整、增减供应需求。

5.6.3 施工机具与设施

针对工期紧、任务重、作业分散等特点，本项目选用运输、携带、使用方便的工器具以保证作业人员施工的灵活性，减少因转移工器具而造成的工期浪费。

1. 施工机具与设施选用

1）为提高工效，选用电动类机具，且基于现场供电特点和安全，首选充电类机具设施，并设置专用充电区域。

2）对于物资的垂直运输，应借助提升云梯，由户外走廊两端进行运送。

3）对于楼内物资的水平挪移，应使用专用轻型推移装置进行运送。

4）单体外立面施工根据工作面状况灵活选用曲臂车、升降机及脚手架进行施工。

2. 施工机具与设施调配

1）由于施工作业空间有限，应根据使用需求科学部署机具设施计划。

2）随时关注相关方施工状态，配合施工工序，最大限度地提高施工机具的利用率，避免出现设施被干扰或干扰其他方施工的情况。

5.6.4 作业部署要点

为保证工程质量，对重点、难点的安装节点进行深化分析和讨论，总结作业部署要点，并统一对作业人员进行交底。在施工过程中，根据实际情况对作业部署要点进行进一步优化和更新，具体包括以下几点。

1. 紧随箱式房安装进度进行机电管线敷设

1）充分考虑夹层空间狭小，吊装首层箱式房前，完善夹层内受空间限制管线的敷设，随着首层箱式房全部吊装完成，首先进行首层水平方向管线敷设，然后进行二层及三层水平方向管线敷设，紧随箱式房吊装进度，为后序工作提供充足的时间和空间，尤其是整体卫浴安装。待箱式房全部就位后，立即进行外立面管线施工。

2）因成品箱式房吊装材料运送进入楼内受限，相邻单体利用楼栋之间连廊作为水平交通通道。同时，还可利用连廊空间作为本层机电临时加工点和临时材料中转站。

3）垃圾暂存站机电功能集中在成品箱体中，箱体就位后，基本没有安装内容，可作为每个组团的临时库房。如整体卫浴的散件较多，集中存放在垃圾暂存站内，以节省楼内安装空间。

4）箱式房就位后，立即进行屋面钢结构平台施工，并安装隔离区屋面净化风机，风机必须安装橡胶减振垫。风机粗、中、高效过滤器固定可靠，且便于拆装更换。污废水通气立管的出口处高效过滤消毒也需固定可靠、便于拆卸。

2. 墙、板洞开洞

1）受箱式房结构特点影响，开洞位置及尺寸一定要准确，如错位和尺寸过大，都会导致更换箱式房墙板，对工期造成不利影响。

2）在箱式房就位后，根据管井位置布置图，经 BIM 深化管综排布确认后，可以先进行管井位置的放线工作，然后按照综合排布后各管线的点位进行定位，在管井内标记各管线的位置，遵循水管开圆洞、风管桥架开方洞和水管孔洞尺寸比管径大 1~2 号，风管桥架方洞尺寸比设计边长大 3~5cm 的原则标记孔洞尺寸。

3）箱式房楼板开洞时，需充分考虑箱式房吊顶内横钢架的布置，严禁切断横钢架。当孔洞位置与横钢架交叉碰撞，则需要重新调整合适的开洞位置。

4）在开取墙体孔洞时，必须根据管井内立管位置以及水平管线高度进行定位，确保进入房间的各管线满足坡道和作业需求。

5）圆孔洞采取开孔器开洞，方洞使用手持电动切割开洞，并保证洞口的规整性。

6）洞口封堵，管线敷设完成并调试后，对相应的开洞位置尤其有通风防疫要求的空间，严格按照施工要求进行封堵。

3. 管井内管线敷设

（1）管线布置

1）受箱式房结构制约，竖井空间狭小，应将易发生检修的管线或附件设置于检修门附近，方便操作。

2）竖井内管线排布需遵循安装快捷、方便以及利于检修和检查的原则。

3）通风管道运营维修不频繁，宜设置在竖井两端；给水排水管道及附件维修概率

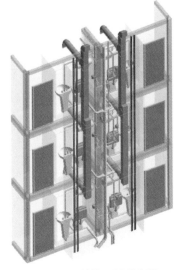

图 5.6-1 管井 BIM 排布图

大，应近检修门设置；电气管线（线槽和电缆敷设）可设置于水管与风管之间。

4）受箱式房结构空间所限，各专业管线集中布置于同一竖井内，应利用 BIM 技术提前按照上述原则进行管线综合优化排布，以指导施工（图 5.6-1）。

（2）管线施工

1）条形基础施工完成后，应立即安装夹层内的机电支吊架，并将所需的 UPVC 排水管及保温材料提前布置于夹层内。

2）在箱式房开始吊装前，机电专业应按照 BIM 建模图形制作样板间，并据此进行风管及支吊架预制加工。

3）随着首层箱式房开始吊装，各专业应根据箱式房吊装进度进行管井内的管道安装。

4）安装时，应合理安排各专业的安装顺序，避免返工，并严格按照样板间的位置、尺寸施工。

5）管道安装、试验合格后，方可封闭竖井，安装检修门。

4. 支吊架安装

1）箱式房结构决定了机电管线的安装空间狭小，各专业管线排布比较集中，应利用 BIM 技术设计综合支吊架，以节省安装空间，提高安装效率。

2）鉴于箱式房龙骨位置的不确定性，顶板和底板箱梁在垂直位置上存在重合现象，因此应提前核定管线竖向路由，再确定支吊架位置。

3）在确认样板间（件）后，对支吊架形式、位置、规格、数量进行统计，并绘制大样图，根据大样图分批量预制加工。

4）根据箱式房结构特性，支吊架应选择箱式房的立柱、箱梁等承重构件作为支吊架的固定点。

5）支吊架禁止焊接固定的方式，采用燕尾钉或螺栓进行机械固定，为保证支吊架牢固和强度，可以适当加密支吊架固定点，或采用不同的支吊架形式和规格。

5. 整体卫浴安装控制

采用整体卫浴安装，可以有效加快安装速度，但其构件种类多，功能部件连接点多，与室内管线接驳点多，底盘内管线多，且有坡度要求，后期维修费时费力。合理地组织配件成套发放，严格控制工序质量，才是快速安装的保障。标准化与其他工序的交接是工期控制的基础。

（1）产品发放

1）产品的组装受限于场地空间，不具备全组件同时拼装的条件，应按进度分段发放。

2）在发放段，需严格执行产品组装流程（箱体结构发放，卫浴器具五金物发放，箱房门发放）。

3）取、领料时，应建立健全专人签领制度。

4）物资应多利用机械（如叉车、提升梯）运输就位，并尽量整件搬运，有助于保全材料，加快进度，控制质量，提升效率。

（2）产品组装准备

1）确认产品型号，统计产品数量及构件数量。

2）测量、定位、清理产品安装位置。

3）预留管线，如风机软管须预留到位，给水排水出户洞口定位开孔、电气管线预留等形成标准化作业指导书。

4）准备安装产品所需的工具、装置、模型，如预制墙底板开孔模板（图5.6-2），整体卫浴BIM建模（图5.6-3、图5.6-4），闭水装置预加工（图5.6-5、图5.6-6），箱体平移装置配备。

5）对一线作业者进行技术交底。

（3）产品组装流程

产品组装流程如图5.6-7所示。

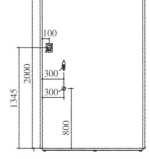

图5.6-2 墙体开孔模板

图5.6-3 整体卫浴内管线建模

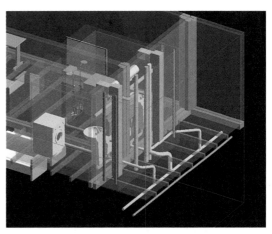

图5.6-4 整体卫浴外管线建模

图5.6-5　闭水装置示意图

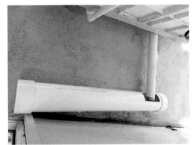

图5.6-6　闭水装置实体图

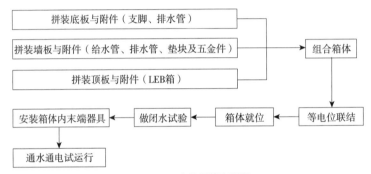

图5.6-7　产品组装流程图

（4）质量控制

1）敷设管道：排水管粘接口用胶涂抹均匀饱满并固化，以保障粘接严密；给水管（PPR）热熔时不得过热，避免插接过深导致管道堵塞；排风软管采用喉箍紧固；等电位导线应穿管敷设。

2）底盘找平：底盘的平整度偏差过大，会干扰排水坡度，影响箱门开启等使用功能；其安装分两个阶段进行：在箱体结构组装阶段，应选择相对平整的地面实施，使用水平尺纵横及对角线找平；箱体就位后，微调支脚精准调平。

3）整体浴房就位：基于箱体支脚多、管线裸露、空间狭小等因素，箱体就位过程中存在支脚偏移、管道损毁等质量问题；采用专用推移装置：先用四个推移装置支托住箱体四个底脚，纵向（步骤1）推移至集装箱式房走廊侧墙体，再卸下里角装置，横向（步骤2）推移至最终位置，卸下剩余三个装置箱体就位（图5.6-8）。推移过程需平稳缓慢，采用步骤2推移时，应多人操作，保证箱体正直。

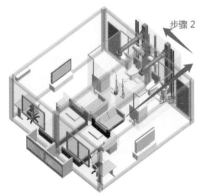

图5.6-8　步骤示意图

5.6.5　试验检验与调试

机电系统调试是机电系统功能实现前的最后一道工序，本工程通过优化试验和调试组织和方式，在通电调试和闭水试验方面大大减少了调试时间，实现了快速调试。

1. 闭水试验

鉴于本工程整体卫浴的产品特征，为避免使用中出现排水管路渗漏维修，所以必须在安装就位后逐一进行闭水试验。整体卫浴在安装阶段尚未引入市政用水，不具备试验用水的正常供给与排放，且排水末端距地面较近，因此需要采用特制集水试验装置（低出水泄水承接装置）进行操作，经应用验证，本装置满足试验功能。

1）首先用皮堵将整体卫浴的排水管路末端封堵住，再灌满水，其灌水高度不应低于本浴房卫生器具的上边缘，满水 15min 后，再灌满观察 5min，以液面不降，管道及接口无渗漏为合格。

2）将低出水泄水承接装置平置于地面，把排水管路末端插入装置敞口，缓慢取出皮堵，让管内试验水流入装置。

3）至管内水泄净，将装置移出并竖直待用，此时装置内储水应基本满足一组卫浴闭水所需水量。

2. 通电检验

本工程隔离房、办公、休息、库房均为标准集装箱体，自带照明灯具、插座及独立配电箱（含保护开关），负载按照 4kW 计算。现场电气专业通过集装箱自带工业接头将电源接引至户内配电箱，即完成箱式房供电。鉴于本项目特点，必须在安装阶段确认箱式房内全部用电点位就位且达到功能，逐一采用临时电通电检验，并保证用电安全。

1）接驳电源前，必须编制并审批送电方案，做好现场送电部署与技术交底，通过正式途径告知指挥部，并确保方案传达到各相关单位，现场张贴送电告示。

2）采用临时电源调试电气设备时，电源电压必须与设备额定电压相符。需要将低压柜内接至母线上的相线拆掉，接上临时电源，以避免因临时电源经母线及其他电气元件返送高压电而危害设备及人身安全。

3）调试送电之前，必须将所有的开关置于分闸位置，然后用操作手把对开关进行分、合闸动作试验。当线路一切正常、设备无误时，方可调试设备。调试时，先局部后系统。当设备性能和安装质量出现问题时，应及时排除，并做好记录。

4）供电至单体建筑配电柜，经检查正常后，分楼层分房间逐一送电，逐一打开配电及用电控制，并检验其功能是否正常。

5）电气照明灯具应在通电安全检查后进行系统通电运行。以电源进户线为系统，系统内的全部照明灯具均开启，并同时投入运行，在保证安全的前提下，初运行时间为 24h。在试运行过程中，应随时测量系统的电源电压及负荷电流，并做好记录，且每隔 2h 记录一次。

6）通电后，应仔细检查和巡视相关设备，如灯具的控制是否灵活、准确，开关与灯具控制顺序是否相对应等。

7）在上述调试过程中，若发现问题，必须停止调试，排除故障，并做好记录；待问题处理完毕并复查合格后，方可继续进行。

8）对于漏电开关，必须逐个进行漏电模拟试验，及时填写表格，且签字齐全。

5.7 室外机电安装施工技术

5.7.1 工程特点

本项目建设体量大、建设标准高、施工难度大、施工工期紧，本着"满足防疫、平疫结合、造价控制、快速建造"的实施原则，与常规工程相比，室外机电施工的特点和难点主要体现在以下几方面。

1. 工期紧

由开工至施工结束，仅 20d。其中，室外综合管线施工工期仅为 5~8d。

2. 交叉施工

各专业交叉施工，涉及专业众多、管线布设难度大，包括雨水、污水、给水、消防、绿化、电力、照明、弱电等，各系统相互交叉，作业面和工序交叉度高。

3. 同步作业

为满足园区交通顺畅，通过前期管线综合优化，将大量管线布设于道路两侧，有利于施工工期和后期维修，但也使得管线安装空间局促，应特别注意组织同沟开挖、同时埋设。

5.7.2 材料选用与供给

材料的选用与供给直接决定了工程的质量和进度。本工程通过合理选用材料、优化供给管理，保证材料质量、安装质量和总体进度符合施工需求。

1. 材料选用

要结合工期及质量要求，与供应厂家、设计院综合考虑，共同商定所选用的材料。所选用管道及设备的原材料、半成品、成品等，其品种、规格在满足快速施工需求的条件下，性能必须符合现行国家标准和设计要求，尤其应符合隔离区域对防疫的要求，如屋面排风机组需包含粗、中、高效过滤装置，隔离房间内、化粪池通气管道需增加高效过滤消毒设施，污染区污水管网井盖采用密闭井盖，以及部分检查井加装高效过滤装置等功能性要求。

压力管道选用化学稳定性好、水力性能好且简易快速施工的聚乙烯管（PE）管材及相关配件，采用电熔对接的方式进行连接。

无压管道则选用承插式高密度聚乙烯双壁波纹管（HDPE）、塑料检查井、成品雨水口等易施工产品。

园区室外工程以通信管道敷设为主，采用 HDPE 高密度聚乙烯 4 孔格栅管和 HDPE 高密度聚乙烯单孔塑料管。照明管线为电缆直埋，过路套管选用镀锌钢管。

室外电缆选用可以直埋敷设的铠装电缆，以节省电缆沟施工时间。

通风管道选择镀锌铁皮制作的共板法兰风管，在工厂预制，以节省安装时间和加工空间。

2. 材料供给

1）根据施工图编制项目主要物资设备计划，大宗管材应保证采购进度，满足施工进度及工期需求。

2）分阶段统计所需材料的品名、规格、质量、数量等数据。若采购无法满足施工进度及工期需求，应及时与设计院沟通，并根据施工经验提供满足工期的替代构配件，交设计确认。

3）采购供给按照优中选优、舍远求近、宁早勿迟、宁多勿缺的原则，提前与供应商沟通，保证库存，满足现场使用及灵活调配。

5.7.3 施工机具与设施

根据工程量及施工进度编制机具设备需求计划，按计划、就部位、随进度分批分项组织进场。施工机具主要分为两类：一为运输类，二为施工类，随工程需要进行充分利用和合理安排。

受工期和箱式房结构制约，室外管线集中于室外道路与建筑物之间的狭窄地带。在施工中，各种施工机具相对集中，尤其是开挖机械与外立面管线敷设升降机曲臂车等大型机械站位必须合理，且应合理安排工序，既要保证本工序的顺利进行，又要兼顾其他交叉工序的工作面。

为加快工程进度、提高工程质量，本项目多点同时作业，并及时进行功能性试验检测，为后续工作赢取宝贵时间。

5.7.4 作业部署要点

为保证工程质量，对重点、难点的安装节点进行深化分析和讨论，总结作业部署要点，并统一对作业人员进行交底。在施工过程中，根据实际情况对作业部署要点进行进一步优化和更新，具体包括以下几点。

1. 给水排水施工要点

1）对工作面的开挖施工应根据实际地形情况进行调整，需对中心、高程、坡度、沟槽下口线及槽底工作面宽度进行检测，并在人工清底前测放高程控制桩，使管线坐标位置满足管道铺设要求。

2）为防止发生过大的不均匀沉降，造成管道变形、渗水等问题，应充分处理槽底基础，并分层夯实回填。

3）给水入户接驳应按照施工界面划分原则或者相应的施工任务书进行施工。

4）在保证质量的前提下，应采用紧凑型阶梯布设管线方式进行施工，可以作为超短工期抢险工程的首选解决方案。

5）材料应提前运至作业面附近，根据管线走向提前、分段进行预制电熔焊接。

6）认真做好检查井基层、垫层，做好井周回填，防止检查井发生变形、下沉等现象。对个别无法做到分层压实的检查井，应进行井周加固处理。因隔离区域、缓冲区域对排水管道有防疫要求，以及化粪池的清掏井盖，在安装密闭井盖时，必须满足其功能要求，部分检查井加装高效过滤装置，以实现透气功能，其间距应满足设计要求。

7）隔离用房、卫生通过区、洗消工作间空调冷凝水管应就近接入室内地漏，或经室外水封井排入污水管网，以达到防疫排放要求。

8）玻璃钢化粪池体积大、设置集中、多罐并联埋设，回填时，应防止因局部受力过大受到破坏而返工，避免影响工期和成本。应严格按照如下要求进行回填：

①基坑回填按超挖部分采用砂石料或最大粒径小于40mm的级配碎石，密实度达到95%。

②罐体基础层采用中砂、粗砂，密实度达到90%。其中，土弧基础中心角2a采用中砂、粗砂，密实度达到95%。

③罐体四周，采用中砂、粗砂、碎石屑，最大粒径小于30mm级配砂砾。密实度达到95%。

④罐顶以上0.5m范围内的罐体两侧、罐体上部，采用中砂、粗砂、碎石屑，最大粒径小于30mm级配砂砾。密实度达到90%。

⑤罐顶0.5m以上，采用原沟槽土回填，密实度达到地面或道路要求，但不小于85%。

2. 照明施工重点

1）根据设计图纸确定各段沟道位置及开挖深度，沟槽开挖完毕后，应进行精平，铺设垫层并压实。当土基不能满足设计要求时，应根据实际情况换土。

2）电缆敷设完成后回填软土，铺装上盖混凝土砖保护，并使用合格回填土回填至路面，路面以下 30cm 敷设一层开挖警示带。

3）因本工程工期紧迫，灯杆基础采用预制基础，电缆保护管高出基础平面 30~50mm。需要安装监控及广播的灯杆，在基础内增加预留管。

4）灯具安装纵向中心线应与灯臂纵向中心线一致，整排灯杆保持在同一条直线上，灯具横向水平线与地面平行，紧固后保证垂直度。

3. 弱电施工重点

1）按施工要求选择格栅管，检查外观无损伤后开始铺设，保证格栅管在搬运中不受损伤，管线与窨井连接时，窨井砖墙短管外露 50cm。

2）铺设格栅管时，应做好施工记录，记录内容至少包含铺设位置、手孔位置、起止点桩号、管路标记。

3）回填时，应采用过筛细土先回填掩埋 300mm。

4）应尽量减少格栅管道的裸露时间，以防格栅管道受损。

4. 综合管线施工原则

1）当交叉敷设工程管线时，管线自上向下排列顺序为通信（弱电）、电力（强电）、给水、雨水、污水。

2）当工程管线上、下位置发生矛盾时，应遵循压力管线避让重力流管线，易弯曲管线避让不易弯曲管线，分支管线避让主干管线，小管径管线避让大管径管线，临时管线避让永久管线的原则。

3）当室外管线集中于室外道路与建筑物之间的狭窄地带时，为加快进度，可以按同槽施工进行合槽开挖，逐项安装管道后，统一回填。

4）应避免遗漏后二次开挖施工，否则既容易破坏成品管线，又可能延误工期。

5）按照场区现有施工条件进行见缝插针的方式进行施工，避免因交叉作业而造成窝工现象，原则上白天进行主管线施工，夜间再进行过路管线及支管施工。

5.7.5　试验检验与调试

1. 试验检验

给水排水系统主要进行水系统试压、冲洗、排水系统灌水、通水等试验。给水系统主要检验管道系统中是否存在堵、漏现象，给水水质是否达到标准，流量、压力是否满足使用要求。排水管道施工完成后，分段进行闭水试验。试验管段应按井距分隔，带井试验，并抽样选取。对于无法分段试验的管道，应根据工程实际情况确定。对于排水系统，主要检验排水是否顺畅、有无渗漏。

2. 调试

（1）管线调试

新建综合管线工程安装结束，正式投入使用前，需要对系统进行调试，这对于检验设计是否正确、设备性能是否符合要求、施工质量是否可靠，都是必不可少的环节，是保证综合管线系统和设备是否达到使用功能的关键措施及必要条件。调试完毕后，应针对检测中发现的问题进行整改，使系统更完善，从而使给排水系统良好运行。

（2）设备调试

结合现场，认真审阅图纸，熟悉有关技术说明。认真检查管道安装质量，核对管道连接的准确性和可靠性。调试给排水系统前，水泵、水箱等设备运行应进行单机试车，并完成管道打压及管道清洗工作。

5.8 电梯施工技术

5.8.1 工程特点

本工程主要采用箱式房建筑，电梯工程安装需要结合项目"满足防疫、平疫结合、造价控制、快速建造"的实施原则，与常规项目相比，电梯施工的特点和难点主要体现在以下几方面。

1. 承载结构采用钢框架便于生产

电梯承载结构的框架柱、框架梁采用镀锌方钢管，围护结构采用复合夹芯板。钢框架采用标准化设计、工厂化生产、模块化组装及一体化运输，充分利用其他专业为电梯安装创造作业面的平行时间，实现工厂内预加工后整体运至现场。

2. 现场快速拼装

电梯及承载结构运至现场后，通过现场吊装及螺栓连接后实现快速拼装，单部电梯的承载结构仅用时 4h 便可安装完成，为电梯安装预留了充足的时间，同时规避现场安装的施工偏差（图 5.8-1、图 5.8-2）。

5.8.2 材料选用与供给

通过选用装配化技术成熟的钢结构进行装配化施工，同时在材料供给上进一步优化工厂选择、提前预制、提前加工、有序进场等流程，满足本工程电梯工程高质量快速建造的需求。

1. 材料选用

电梯钢材材质为 Q235B，钢材质量应符合现行国家标准《低合金高强度结构钢》

图5.8-1　电梯承载结构吊装　　　　图5.8-2　电梯承载结构围护完成

GB/T 1591 的规定。

2. 材料供给

1）根据本工程实际情况，即对工期、质量等的要求，优先选用距离项目较近的钢结构加工单位，合理控制加工质量，且加工单位产能满足要求。

2）提前制订详尽的材料供给计划，交至加工厂进行提前备料，并根据现场施工情况分批进场。

3）与加工厂建立紧密的沟通联系，根据现场实际施工情况，及时进行调整施工做法及供需量要求。

4）合理规划场地内材料堆放场地、吊装场地和吊装时间，减少场地占用面积和占用时间，减少和其他专业间的相互交叉影响。

5.8.3　施工机具与设施

根据现场吊装及安装情况提前编制机具及设备需求表，将运输、吊装设备及各种小型机具准备齐全，小型机具应提前入库。根据工程特点及与相关专业的关系，施工前，提前做好机械安排、场地组织，避免施工过程中出现吊装场地不具备、影响其他专业施工等互相干扰的情况。

5.8.4　作业部署要点

为保证工程质量，应对重点、难点的安装节点进行深化分析和讨论，总结作业部署要点，并统一对作业人员进行交底。在施工过程中，应根据实际情况对作业部署要点进行进一步优化和更新，具体包括以下几点。

1. 运输

运输钢构件时，应根据钢构件的长度、重量选择车辆；钢构件在运输车辆上的支点、两端伸出的长度及绑扎方法均应保证钢构件不产生变形、不损伤涂层。

2. 安装前质量检验

安装钢结构前，应对钢构件的质量进行检查。钢构件的变形、缺陷超出允许偏差时，应进行处理。

3. 螺栓孔位复核

吊装电梯井道前，应对基础上预埋件位置及标高进行复核，保证吊装后能够顺利入位。

4. 吊装

设置电梯吊点时，需考虑吊装简便、稳定可靠，在电梯钢柱上端设置耳板作为吊点。为穿卡环方便，将连接板角部一个螺栓孔孔径加大，作为吊装孔。为保证吊装平衡，加装电梯时，挂设 4 根足够强度的单绳进行吊运。为防止电梯起吊时在地面上拖拉造成地面和构件的损坏，吊件下方应垫好枕木。电梯起吊时，一边起钩，另一边转臂，使钢柱垂直离地。当钢柱吊到安装位置上方 300mm 左右时，吊钩停机稳定，对准下节加装电梯中心线，缓慢下落。此时，下节电梯处需两人进行操作，一人移动钢柱根部使之与下节柱中心对齐，另一人协助稳固，对齐后，将螺栓紧固。

5. 校正

电梯就位后，与底座柱头的中心线吻合，并兼顾四面，并穿好临时固定螺栓，电梯吊装就位后，应及时拉设缆风绳，临时稳固钢柱，同时用于后期校正垂直度。

5.8.5 试验检验与调试

本项目给电梯调试的时间仅为 2d，为满足 2d 内完成全部 38 台电梯的调试工作，要求电梯安装单位和厂家配备足够的调试人员同时对达到调试条件的电梯进行调试。

1. 调式前准备

1）电梯工程除调试外，安装工作已结束，经检查符合要求。

2）已编制调试作业指导书，并经审查合格批准实施。

3）配备满足调试需要的检测仪器、仪表和设备，仪器仪表应在有效期内，设备状态完好。

4）调试作业人员应有合格的上岗证。

5）电梯控制柜已达到送电条件。

6）电梯各项安全检查符合要求。

2. 慢车调试

1）检测电机电阻应符合要求；检测电源、电压、相序应与电梯相匹配。

2）应确保继电器动作与接触器动作及电梯运转方向一致。

3）检修运行后，在轿顶上使电梯处于检修状态，按动检修盒上的慢上或慢下按钮，电梯以检修速度慢上或慢下。同时，清扫井道和轿厢以及配重导轨上的灰沙及油污，然后加油使导轨润滑。

4）以检修速度逐层安装井道内的各层平层及换速装置，以及上、下端站的强迫减速开关、方向限位开关和极限开关，并使各开关安全有效。

3. 安全门调试

1）电梯处于检修状态，在轿内操纵盘上按开门或关门按钮，门电机应转动，且方向应与开关门方向一致。若不一致，应调换门电机极性或相序。

2）调整门开、关门减速及限位开关，使轿厢门启闭平稳而无撞击声，并调整关门时间约为 3s，开门时间约为 2.5s。

3）每层层门必须能够用三角钥匙正常开启。

4）当一个层门或轿门非正常打开时，严禁启动或继续运行电梯。

4. 快车调试

电梯完成上述调试检查项目，并且安全回路正常后，且无短接线的情况下，即可准备开车试运行。

1）轿内、轿顶均为正常状态，且无安装调试人员，轿厢应在井道中间位置。

2）进行快车试运行，继电器、接触器应与运行方向一致，且无异常声音。

3）操作人员进入轿内运行，逐层开关门运行，开关门应无异常声音，并且运行舒适。

4）在电梯内加入 50% 的额定载重量，进行精确平层的调整，使平层均符合标准，即可认为电梯的慢、快车运行调试工作已全部完成。

5.9　消防及智能化安装及施工技术

5.9.1　工程特点

在充分理解本项目的意义和要求的基础上，按照设计图纸并结合多年的机电安装工程经验，对消防及智能化安装及施工特点和重点进行梳理，具体内容如下。

1. 优化安装调试顺序节省工期

消防和智能化专业作为所有专业最后的收口专业，预留给安装及调试的工期极少，必须把调试的时间前置，各系统能够在安装前完成设备接线调试的提前调试，设备安装完成后，通电即可基本运行。

2. 采用灵活的采购方式满足现场需求

项目设备量大，设备采购订货需要前置，为不影响工期需要，尽量从市场上寻找现货才能满足安装进度要求，或者根据现场安装工程进度采用"现货＋定做"相结合的形式，才能满足现场用量需求。

3. 采用无线设备，减少管线安装

积极采用各类无线终端、无线网关、无线模块、远传电表等创新产品和设备，减少线缆敷设，加快安装效率，缩短系统搭建的施工时间，为系统分区调试和联合调试创造有利条件。

4. 优化工艺，穿插施工，提高效率

采用优化的施工工艺，降低现场施工的复杂程度，提高施工效率；有效地调配劳动力，采用流动小组和区段平行施工的方式，与其他专业进行穿插施工，争抢工作面，为系统联调预留时间。

5.9.2 材料选用与供给

材料的选用与供给直接决定了工程的质量和进度，本工程通过合理选用材料、优化供给管理，保证材料质量、安装质量和总体进度符合施工需求。

1. 材料选用

根据本项目的实际情况对工期、质量、供给适应性等进行全面评估，最终确定用材：隔离病房区穿线管选用 PVC 管材；A 区管线管选用镀锌钢管；隔离病房区域采用无线感烟探测器。

2. 材料供给

根据对本项目的实际情况制订完整准确的材料供给计划，并根据施工进程分项分批进场。

及时对现场供应作出准确统计，核对材料的消耗情况，并随时调整、增减供应需求。

5.9.3 施工机具与设施

1. 安装机具的准备

根据各系统的技术要求和现场进度要求，安排施工进度，确定施工机械的类型、数

量和进场时间，确定施工机具的供应办法和进场后的存放地点和方式，编制建筑安装机具的需要量计划，为组织输运、确定堆场面积等提供依据。

2. 生产工艺设备的准备

按照工程中生产工艺流程提出工艺设备的名称、型号、生产能力和需要量，确定分期分批进场时间和保管方式，编制工艺设备需要量计划，为组织运输、确定堆场面积提供依据。

3. 安装、调试施工机具准备

按照施工机具需要量计划，组织施工机具进场，根据施工总平面图将施工机具安置在指挥部规定的地点或仓库。对于固定的机具，要进行就位、接电源、保养、调试和安全检查等工作。对所有施工机具，都必须在开工之前进行检查和试运转。

5.9.4 作业部署要点

为保证工程质量，对重点、难点的安装节点进行深化分析和讨论，总结作业部署要点，并统一对作业人员进行交底。在施工过程中，根据实际情况对作业部署要点进行进一步优化和更新。具体包括以下几点。

1. 后勤区有线消防报警系统

1）提前组织专业技术人员深化图纸，进行各报警系统的模拟搭建，提前确定厂家并备货，并按比正常项目多储备1倍的备品备件进行备货，以免因抢工期及临时调整设计造成备件不足，从而影响项目进度。

2）优先进行消防中控室施工，消防中控室报警设备到场后，一旦具备安装条件，立即安装主机，终端探测器及模块随土建进度随时安装，如具备局部调试条件，马上安装并进行局部调试，为整体调试创造条件，实现边施工边调试，施工完成即调试完成的消防系统一体化安装调试模式。

3）优先给电气火灾监控系统、消防电源监控系统、防火门监控系统等安装主机，提前与控制柜、盘、箱厂沟通互感器等监测设备，互相配合，形成厂家预装和现场安装结合的形式，大量节省控制柜、盘、箱生产加工工期，保证配电箱尽早进场组织安装。

4）各系统单机调试完毕后，由总承包牵头组织消防电、消防水、通风空调、应急疏散、电梯、智能化等相关专业进行联调联试。

5）根据联合调试的结果分专业、分系统快速整改完成后，确保最终联合调试合格。

2. 隔离病房区域无线火灾报警系统

1）在隔离用房确定采用无线消防火灾报警系统后，提前与消防设备厂家进行技术攻关，群策群力，并在选择具体安装条件的最大体量的H组团进行了现场无线信号模拟测试，精准确定无线接入设备覆盖范围及设备布置原则，确定各隔离组团无线实施方案。

2）考虑本项目的特殊性，在确定方案和选型的基础上，迅速采购，设专人在设备生产厂家驻厂监造，优先生产急需的区域无线消防报警主机、无线网关、无线模块等设备，生产一批，直供现场一批，到场后及时进行安装。

3）隔离房及工作人员辅助用房合计近5000间，无线探测器数量达6000余个，无线探测器的后期编码调试工作量很大。对此，驻场监造人员对调试方案进行了优化，在工厂即对无线终端进行编码预调试，生产一批后，按提前编好的编码在厂家与无线网关进行编码和对应安装位置的确认。根据现场各组团箱式房的进度，具备条件的组团马上对应安装终端无线探测器，并及时对具备调试条件的组团进行分区域通信调试，大大减少了现场调试的工作量和时间。

4）为减少小市政管线布线工作量，无线消防报警系统骨干采用光纤进行传输，利用室外骨干弱电管道，将8个组团消防通信信号统一通过主干光纤传输至综合楼消防中控室，并与后勤区有线消防报警系统进行对接，最终形成无线消防报警系统和有线消防报警系统结合的综合消防系统。

5.9.5　试验检验与调试

1. 火灾报警系统调试

系统采用有线报警系统和无线火灾报警系统相结合的方式，综合楼、餐饮中心、物资库采用有线火灾自动报警系统，消防控制室在综合楼一层，各楼之间通过端子箱连接主干网实现联动功能；隔离区采用无线报警系统，在每个组团的汇聚弱电间设置一台壁挂报警主机，主干网采用光缆通过光电转换模块连接，经室外市政管线路由敷设至综合楼消防控制室，与总控主机相连实现各区联动功能。火灾报警系统调试分为单机调试和系统调试，具体调试内容和流程见图5.9-1。

2. 无线门磁报警系统调试

在隔离单元门上设置无线门磁报警系统，利用运营商无线网络组网。当隔离单元的门被无故打开后，门磁报警，并将报警信号上传至医护工作站，提醒工作人员有隔离人员外出，无线门磁报警系统调试流程见图5.9-2。

3. 广播系统调试

采用数字广播，系统主机设置在综合楼消防控制室内，通过与监控共用局域网实现音频信号的传输；平时播放背景音乐和日常广播信息，火灾时切换为消防应急广播，在各组团弱电间内设置数字音频解码功放，将数字音频进行解码，实现播放背景音乐

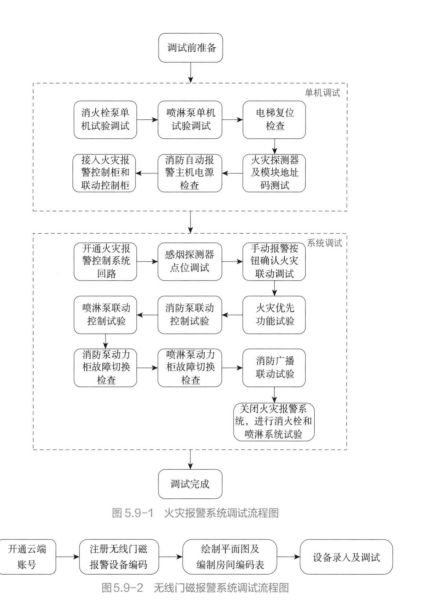

图 5.9-1　火灾报警系统调试流程图

图 5.9-2　无线门磁报警系统调试流程图

功能；通过综合楼消防控制室内主呼叫站，管理整个室外背景音乐及广播系统。广播系统调试流程见图 5.9-3。

4. 视频监控系统调试

系统采用数字式视频监控系统，由前端摄像机、网络传输设备、图像储存设备、图像显示设备等组成。视频监控调制重点在于需要结合防疫管理需求，逐一对末端每个监控点位摄像头的上、下、左、右的角度进行调整，确保监控范围能够覆盖隔离人员和工作人员动线和操作的完整性，重点区域全覆盖；对于监控图像内摄像机机位信息、日期信息、时间信息等显示要全面、准确，方便后期进行行为追溯。视频监控系统调试流程见图 5.9-4。

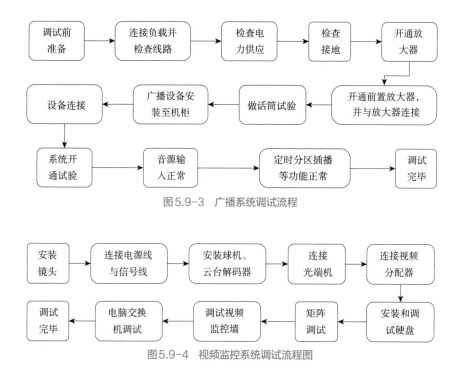

图5.9-3　广播系统调试流程

图5.9-4　视频监控系统调试流程图

5. 入侵报警系统调试

根据现场实勘以及图纸，除后勤区外的B~K组团，每个组团除了医护工作楼，通过在单体隔离楼南、北两侧设置激光对射来实现隔离人员首层翻窗报警功能，每个组团的医护工作站设置报警系统可以进行独立管理。入侵报警系统调试流程见图5.9–5。

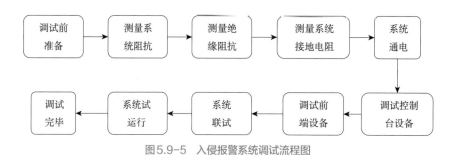

图5.9-5　入侵报警系统调试流程图

第6章
效果类工程设计及施工技术

6.1 内装设计

6.1.1 内装设计特点及原则

本工程具有"建设体量大、建设标准高、施工难度大、施工工期紧"的特点，应按照"满足防疫、平疫结合、造价控制、快速建造"的原则实施；同时，要考虑通过创造温馨、舒适的室内空间环境来有效缓解隔离人员的紧张情绪。但限于箱式房本身就是带有墙面铝板和地面 PVC 地胶装饰，属于成熟的集成产品，且使用年限有限，属于临时建筑，因此，在内装设计和装饰效果上，应采用"有限度装饰、多功能配置"的设计原则。

6.1.2 设计风格

室内设计以简洁精练为主，遵循"少即是多"的设计理念；通过对走廊和隔离房间的局部墙面进行装饰来打破箱式房内全白色空间的单调、冷清感，给隔离和工作人员营造温馨、愉悦的室内环境。

1. 隔离区走廊

每层走廊的管井侧墙面设计不同的颜色贴膜，并结合导标系统进行一体化设计，既丰富空间的效果变化，也使各楼层更具有视觉识别性，更与七彩家园主题相呼应（图 6.1-1）。

图 6.1-1 一至三层走廊效果

2. 隔离房间

隔离房间的品质是整个项目的重点，确定方案之前，先在场外通过样板间施工来验证方案效果，经各方现场检验并进行品质和效果的优化提升调整后，才能确认最终设计方案（图 6.1-2）。

图 6.1-2 样板间实景

经样板间验证后，隔离房间分为简约型和品质型两种风格。简约型房间只是在整体卫浴外墙处进行竹木纤维板装饰。品质型房间是在此基础上，靠床一边的背景墙均用环保的竹木纤维板装饰，地面在原有地面基础上铺仿木地板地胶（图 6.1-3）。

（a）   （b）

图 6.1-3 隔离房间内装效果图
（a）简约型房间；（b）品质型房间

6.1.3 户型布局

本项目设计了多种不同的隔离房间户型，以解决特殊人群的隔离需求，房间内通过布置多功能家具来增加室内环境的温馨感和居家体验感，缓解隔离人员的精神压力，并为后期平疫转换提供硬件支持。

1. 隔离房间功能

隔离用房应满足如下使用功能：休息，办公，娱乐，卫生间（化妆、洗漱、卫浴等），存放行李及衣物等；保证隔离人员的生活和线上工作等需求，还要为以后的平疫结合预留足够的条件。

2. 隔离房间户型

本工程共设计三种户型；标准房间（单个集装箱），户内面积 18m²；双间连通房（两个集装箱），户内面积 36m²；三间连通房（三个集装箱），户内面积 54m²。

（1）标准房间

采用酒店和公寓客房的布局设计形式分为入口区、卫生间、休闲区、休息区和办公区。卫生间布置在主入口的一侧，并采用整体卫浴，使入口区形成单独的走道，增加室内空间的层次感；另外，保证开窗面积满足采光和观景的需求，确保平疫转换后的室内空间品质（图6.1–4）。

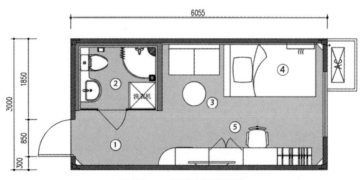

图 6.1-4 标准房间平面图
①入口区 ②卫生间 ③休闲区 ④休息区 ⑤办公区

房间内家具设置有衣帽柜、写字台、小型沙发、小茶几、单人床和电视柜及行李柜合并一体的组合柜。

（2）连通房间

增加连通房户型，是为了解决特殊人群的实际生活需求。隔离人员原则上应单独居住。考虑到有 70 周岁及以上老年人、14 周岁及以下未成年人、孕产妇、患有基础性疾病等不适宜单独居住的人员，在 2~3 个标准房间的户内设置连通门，可双向开启，形成可内部互通的房间。连通门处进行密封处理，避免疫情通过空气传播；保证防疫安全；在非疫情期间，也可以作为套间使用，提升经营品质（图6.1-5）。

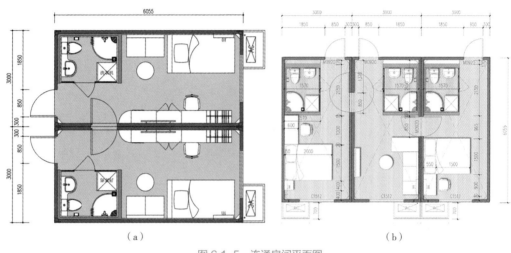

（a）　　　　　　　　　　　　　　　（b）

图6.1-5　连通房间平面图
（a）双间连通房；（b）三间连通房

6.1.4　装修材料

隔离区墙面装修材料除符合设计规范要求外，还要重点满足快速建造、即装即住等施工和环保要求；通过对市场材料的筛选，最终采用竹木纤维板，该材料的阻燃等级达到B1级；材料成分为PVC与竹粉，环保等级为E0级，无甲醛等有害物质，并具有防水防潮、清洁方便等特点（图6.1-6）。

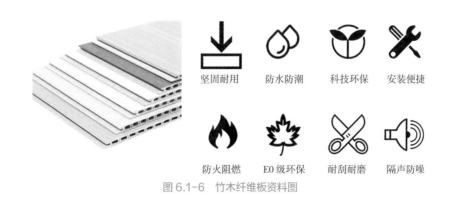

坚固耐用　　防水防潮　　科技环保　　安装便捷

防火阻燃　　E0级环保　　耐刮耐磨　　隔声防噪

图6.1-6　竹木纤维板资料图

竹木纤维板施工安装简便快捷，采用龙骨＋挂件免漆、免胶工艺，板与板之间通过卡槽无痕拼接（图6.1-7）。

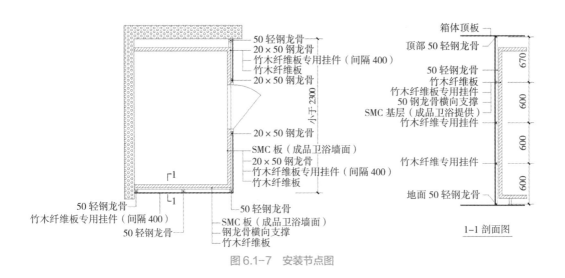

图 6.1-7　安装节点图

6.2　景观设计

6.2.1　景观设计特点

景观工程面临诸多困难：植物夏季移植死亡率高，隔离点启用期间植物养护困难，办公区停车需求量大，隔离组团需要安全防护措施，场地土方量需就地消纳等。再加上本项目"建设体量大、建设标准高、施工难度大、施工工期紧"的特点，景观设计需要因地制宜地解决各项难题。

针对上述工程特点与困难，本着"满足防疫、平疫结合、造价控制、快速建造"的实施原则，景观专业提出如下五大设计要点。

①为实现快速建造、呈现较好景观效果的目的，选用色彩鲜艳的有机覆盖物代替传统的草坪作为景观材料，给隔离人员营造舒心的空间氛围，缓解其在隔离期间的不安情绪，同时减少运营人员因养护绿植带来的感染风险。

②针对场地面积小、停车需求量大的难题，选择生态停车位，实现停车功能与美观要求的兼顾。

③在每个组团设置高围网，防止隔离人员翻越高围网，也可以保证组团的独立运行，独立启用。

④植物选择健康安全、易管理、少维护的品种，减少植物养护人员流线与隔离人员流线的穿插。

⑤通过微地形的塑造来消纳土方，在保证土方平衡的基础上，塑造高品质的景观。

6.2.2 设计风格

景观方案采用简约的现代主义风格，通过干净疏朗的草坪，搭配有机覆盖物蜿蜒起伏的曲线，低矮的植物与建筑相得益彰，既内敛又不失活跃的点缀，可以给隔离人员、医护人员提供轻松舒适的空间氛围。景观设计风格主要体现在以下三个方面。

1. 突出主题

园区各入口处设置了系列景墙，起着划分空间、入口导向、形象展示等功能。沿用项目的主题元素，设置园区 LOGO，立面装饰通过采用不同材料、不同色彩等手段，营造虚实、明暗的层次对比关系。LOGO 与灯光搭配，成为视觉焦点，对七彩家园总体的艺术效果起到画龙点睛的作用（图 6.2-1）。

（a）

（b） （c）

图 6.2-1 LOGO 景墙
（a）主入口景墙；（b）南入口景墙；（c）办公区景墙

2. 人性化设计

关注隔离人员和工作人员的使用感受，在景观细节设计中融入更多的人性化元素。

（1）等候区廊架、座椅

廊架作为景观的要素之一，与座凳一起形成了隔离等候区，满足隔离人员短暂停留、等待、遮阳遮雨的需求。廊道净宽 1.2m，高 2.8m，廊架选取园区的主色调白色，材质选用钢结构与膜结构搭配，在颜色、质感上与建筑协调统一（图 6.2-2）。

图6.2-2　等候区廊架及座椅

（2）医护站户外休息设施

医护站外围绿地内布置汀步及座椅，给紧张的防疫工作人员提供短暂的户外休憩场所。汀步选用 50mm 厚芝麻白火烧面花岗石，白色的石材与草坪营造出简约、整洁的户外休憩环境（图 6.2-3）。

图6.2-3　医护站户外休息设施

3. 满足防疫功能

为了满足公安部门针对隔离点封闭式管理提出的安全防疫要求，在园区外围设置 2m 高的围栏，防止人员翻越围墙。同时，每个组团之间设置了 1.8m 高的防护围网，防止隔离人员离开各自区域造成感染，亦方便各组团分区管理，独立启动，避免交叉污染，同时做到使用效率的最大化（图 6.2-4）。

图6.2-4 园区围栏及防护围网

6.2.3 景观布局

景观设计根据功能划分三个功能片区，即 B~I 区隔离区，J 区预留及附属用地区、A 区办公区。各分区主要设计要点如下。

1. 隔离区

隔离区分为 8 个独立的隔离组团，每个组团内部相邻建筑之间有间距 12m 的中庭空间，为满足较快的工期及效果，设计选用了新型材料——有机覆盖物（图6.2-5），选取黄、绿、蓝三种颜色，曲线布置，营造"溪谷"主题景观，各组团均采用相同的标准段，使施工时间极大缩短。从隔离用房室内向外观望，一步一景、一室一景，缓解隔离人员紧张的心情，充分体现了人性化设计（图6.2-5）。

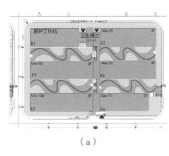

（a） （b） （c）

图6.2-5 有机覆盖物
（a）平面图；（b）效果图；（c）实景图

2. 预留及附属用地区

该区域为园区的预留用地，为就地消纳现场土方，设计以微地形结合地被植物为主，营造自然舒缓的景观，对地形的塑造既高效、经济地解决了土方的平衡，满足低成本、低维护需求，也为远期绿化提升提供了良好的场地条件，满足可持续发展的景观设计原则（图6.2-6）。

（a）　　　　　　　　　　　（b）　　　　　　　　　　　（c）

图 6.2-6　微地形效果
（a）平面图；（b）效果图；（c）实景图

3. 办公区

综合办公区需容纳 200 名工作人员办公和住宿，有较高的停车需求，室外大部分场地成为停车区域，为兼顾停车功能与形象美观的要求，设计选用生态停车场，既可停车，也可形成较好的草坪景观（图 6.2-7）。

办公楼入口布置花灌丛组团，两侧栽植碧桃，塑造特色植物景观，并结合 LOGO 景墙，打造形象入口。办公区围墙内侧种植攀缘花卉，为办公人员提供舒适、放松的环境。

（a）　　　　　　　　　　　（b）　　　　　　　　　　　（c）

图 6.2-7　生态停车场效果
（a）平面图；（b）效果图；（c）实景图

6.2.4　景观材料

1. 有机覆盖物

由于隔离项目的时效性，从勘察、设计到施工完成仅有 20d，施工工期紧张，又要保证实施效果，因此选用了施工快、呈现效果好且环保节能的新型材料——有机覆盖物。

有机覆盖物是覆盖在土壤表层，用于美化景观、保护土壤的有机材料。它是利用有机生物体材料（树枝粉碎物、树皮、松枝、木片、草屑等园林绿化废弃物）通过各种生产工艺，经加工处理后铺设于土壤表面，既能利用废物，同时起到保持土壤水分、吸附扬尘、改善土壤环境、增加土壤肥力、抑制杂草、促进植栽生长以及防止露土、装饰美观等作用（图6.2-8）。

图6.2-8　有机覆盖物材料及实施效果

2. 生态停车场

办公区停车需求较大，停车位占据了较大的广场空间，为了实现美观与功能的结合，设计选择使用生态停车场形式。

生态停车场是一种高绿化、高承载的停车场，具有"树下停车，车下种草"的环保效果。该项目采用植草格材料，其特殊的设计使其安装简单快捷，移动方便，耐高压，无污染，环保生态。种植土压实后，可极大增加承重能力，同时使得绿化率提高至90%。种植耐压耐践踏的野牛草，既兼顾了车辆在硬化路面上的停放需求，又能形成较好的绿地景观，还起到很好的截流减排作用，在一定层面上体现了可持续发展的原则（图6.2-9）。

图6.2-9　生态停车场材料及实施效果

6.2.5　景观绿植

1. 种植设计主要遵循的原则

作为隔离项目，种植设计首先遵循健康安全、易管理、少维护的原则，选择无飞毛飞絮、无刺激性气味的品种，优选具有抗菌降尘功能的植物品种。同时，注重本土性与生态性原则，选择抗逆性好、适应能力强的乡土品种；兼顾季节性与美观性原则；注重常绿与落叶的搭配比例；在保证景观效果基础上，合理控制乔灌木应用品种与数量。

2. 种植设计要点

种植设计依据总图布局划分为三大分区，即隔离区种植、附属预留区种植、办公区种植。

（1）隔离区

隔离区种植注重健康安全，减少植物养护人员与隔离人员流线穿插。重点打造入口景观楼间绿地及医护室外活动区绿地。

1）入口处主要采用观花、观叶点景植物组团，不仅可以丰富景观效果，还能起到提示作用。南入口采用观赏性好的、粉色系被八宝景天、金焰绣线菊搭配金叶女贞球、大叶黄杨球，北入口采用耐阴品种玉簪、珍珠梅搭配花叶锦带、金叶女贞球、大叶黄杨球（图 6.2-10）。

（a） （b）

图 6.2-10 隔离组团景观植物
（a）南入口；（b）北入口

2）楼间绿地采用标准段搭配形式，以有机覆盖物为底，局部种植珍珠梅、金银木等灌木，合理控制植物种类和数量，既实现快速建造，也可保证景观效果，又减少了红区的绿化运营维护（图 6.2-11a）。

（a） （b）

图 6.2-11 隔离组团景观植物
（a）楼间绿地；（b）医护站

3）各组团医护室外活动区采用花叶锦带丛状种植，起到与道路、建筑隔离的作用，为医护工作者提供私密且静谧的户外休憩环境（图6.2-11b）。

（2）附属预留区

附属预留区注重简洁性与低维护性，以低维护的地被品种——委陵菜为主，主要观赏界面采用草地早熟禾和高羊茅混播，打造疏朗开阔的景观（图6.2-12）。

图6.2-12　附属预留区景观效果

（3）办公区

办公区注重形象感，旗杆至办公楼的轴线空间种植采用枝干挺直、冠大荫浓的白蜡行列式种植，打造形象大气的林荫空间。办公楼两侧采用紫薇、西府海棠等观花小乔，结合金叶女贞球、冬青卫矛球等观赏球灌木，以及宿根福禄考、孔雀草等宿根花卉，打造"草坪＋地被＋灌球＋小花乔"的色彩明丽的植物特色组团，丰富办公区入口形象空间（图6.2-13a）。围墙边种植藤本月季，形成较好的立体植物效果（图6.2-13b）。

（a）　　　　　　　　　　　　　　　　　（b）

图 6.2-13　办公区景观植物
（a）办公入口；（b）围墙

6.3　导标设计

6.3.1　导标设计特点

满足防疫、造价控制、快速建造是本项目导标设计的主要特点，主要表现在以下三方面。

1. 设计体系充分满足防疫要求

由于本工程对人、车的行进路线有严格的防疫管控要求，导标设计重点结合建筑规划、道路交通和防疫流线等前置条件，帮助人们在不同的环境中准确、快速地寻路定向。通过室外园区标识、楼体大字标识和室内标识三位一体的导视系统设计，由外至内对整体园区和独立组团内部的各功能空间指示到位。通过地图、图形、文字、色彩等符号信息的组合，指引车、人快速到达目的地（图 6.3-1）。

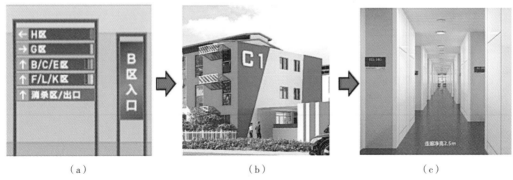

（a）　　　　　　　　　　（b）　　　　　　　　　　（c）

图 6.3-1　标识构成
（a）室外园区标识；（b）楼体大字标识；（c）室内标识

2. 材料选用利于控制成本、实现快速建造

由于工期短，标识数量多（共计超过 12000 块标识），需要快速加工生产及安装，同时受限于箱式房内的安装条件，室内标识还要做到轻便、易安装。因此，选用货源充足宜加工的材料，标识造型以直线为主，避免复杂的制作工艺（图 6.3-2）。

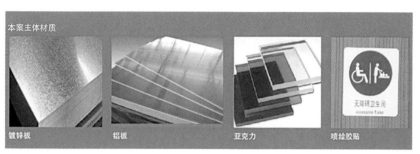

图6.3-2　标识材质选型

3. 外观效果呼应七彩家园主题进行设计

本项目通过 8 个隔离组团外立面丰富的颜色体系构成了"七彩家园"的设计主题，导标也沿用了外立面的颜色变化（图 6.3-3）进行设计，室外、室内协调统一，形成连贯的视觉效果，也方便在园区中快速识别不同组团（图 6.3-4）。

| B 区 | C 区 | E 区 | F 区 | G 区 | K 区 | L 区 | H 区 |

图6.3-3　建筑外立面颜色

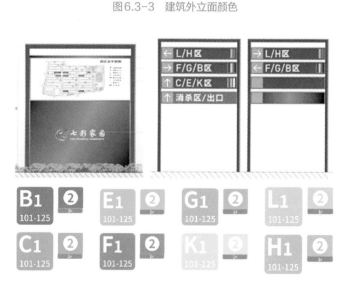

图6.3-4　导标牌体颜色

6.3.2　园区标识

1. 室外标识体系

导览标识（整体园区平面信息）、分区指引标识（各个组团的路线指引）、分区入口标识（目的地定位）、园区出口标识等每种标牌提供不同信息服务，从园区入口指引到达各组团建筑入口（图6.3-5）。

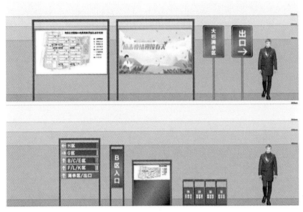

图6.3-5　园区标识体系

2. 点位规划布置

结合大巴车路线、入住人员路线、工作人员路线，在隔离点主要路口设置分流节点——隔离人员出入口节点和货物入口节点，并规划三条主要动线减少交叉接触。在每个节点设置不同的标识导视，而每个标识又都可以起到承上启下的作用，相互呼应（图6.3-6）。

编号	名称	数量
A01	园区总平面布置标识	1个
A02	总平面图	4个
A03	公告栏	1个
A05	分区入口标识	8个
A06	大巴消杀区标识	1个
A07	分区指引	7个
A08	果皮箱	7组
A09	出口指示	2个

图6.3-6　园区标识布点图

6.3.3　楼体标识

由于本工程各个组团的箱式房建筑样式、规模基本一致，虽然外立面有色彩变化，但这样还达不到建筑的精确识别；需要在建筑两侧立面上设置有醒目的楼体标识，同时用单、双数来区别建筑物（采取左单右双原则），这样就容易区分组团内各建筑物的位置，便于人和车快速区分，并找到相对应的建筑（图6.3-7）。

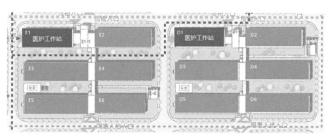

图6.3-7　建筑编号图

建筑立面采用的是七彩家园主题，色彩丰富、颜色多样，所以楼体标识文字统一设计为白色，安装位置在建筑立面的彩色区域内；如此对比，使文字更突出、醒目，同时起到丰富立面效果的作用（图6.3-8）。

建筑立面总高度为11m，楼体标识的单个字的高度为1.2m，厚度为50mm；与建筑高度的比例关系为1/9，整体效果协调美观（图6.3-9）。

图6.3-8　与外立面颜色对比

图6.3-9　立面比例关系

6.3.4　室内标识

室内标识体系设计按照由大到小的原则进行划分，包含各出入口标识、连廊楼号指引标识、房间分区指引标识、设备及功能用房门牌、隔离房间门牌。此外，还有疏散指示图、消火栓、电梯须知等安全类警示标识。室内标识主要采用墙面粘贴的形式，避免浪费空间（图6.3-10）。

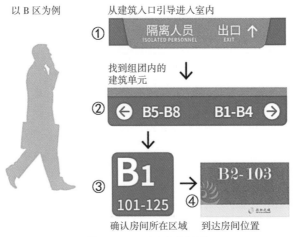

图 6.3-10　室内标识体系

室内标识设计点位紧密结合各建筑组团内的三区两通道规划布局，通过标识指引医护工作人员与隔离人员分别从不同的出入口进出、互不交叉；出入口、过道、转角、楼梯等处均设有指向明确的标志牌，让空间更有序，安全、高效地为工作人员和隔离人员在室内指明道路（图 6.3-11）。

图 6.3-11　室内标识实景

6.4　内装施工技术

6.4.1　工程特点

本项目内装工程的主要特点是有限度地装饰，在箱式房已有的装修基础上，在隔离区进行局部装饰墙板和楼梯间栏杆扶手等细部的施工。为保证工期，实现项目的快速建造需求，采用装配式干法建造技术，避免湿作业。提前确认工序样板，并定制材料，可以极大地缩短施工周期，同时保证设计效果和施工质量。

6.4.2　施工流程

内装施工流程如图 6.4-1 所示。

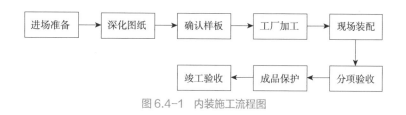

图 6.4-1　内装施工流程图

6.4.3　施工要点

1. 样板引路

样板引路主要包括材料样板确认和工序样板施工，要点如下：

1）提供材料样板给设计进行确认，以满足设计方案的效果（颜色 / 质感等）。

2）同时保证厂家有足够的供货能力，避免影响现场施工进度。

3）根据设计要求制作工序样板制作，在场外提前搭建箱式房进行样板间施工，用以检验室内装修工程做法的可行性，经过各方确认后，作为各施工团队统一验收的标准，如图 6.4-2 所示。

图 6.4-2　隔离用房样板间实景

2. 墙板安装施工要点

（1）测量放线

按楼层平面及标高控制线，引测洞口、饰面板位置线及控制线。

（2）龙骨安装

墙板内部结构均采用轻钢龙骨，具有防水、防潮、耐腐蚀和防火的优点，保证龙骨结构不会因紧邻卫浴而受潮变形，进而规避了装饰墙面变形的质量隐患。竖向龙骨为

50 系列隔墙龙骨，间距 400mm，安装龙骨为 50 覆面龙骨，间距 600mm，竖向与覆面龙骨采用拉铆钉连接。

（3）排板下料

按照标准板尺寸及现场的位置和尺寸进行排板，确定非标板应排布在有收口角线的位置，整理出非标板数量，并确定收口线、角线拼接方式，将非标板、收口线、角线加工尺寸及数量，提交后台加工。

（4）墙板安装

基层龙骨及专业管线经隐蔽验收合格后，安装墙板。饰面板阳角拼接处安装配套阳角条，上、下分别与顶角线、踢脚线相接，饰面板与箱体隔墙或门框连接处采用同色密封胶处理。

（5）质量标准

墙板、边角线安装牢固、平整，明漏拼缝严密、均匀，角线拼接整洁、美观（图 6.4-3）。

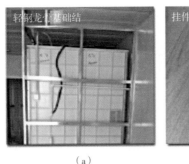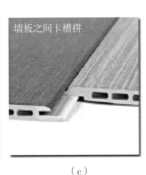

图 6.4-3　墙板安装
（a）龙骨基础；（b）挂件与龙骨连接示意；（c）墙板拼接示意

3. 不锈钢护栏装配

（1）优化加工

为减少现场作业量、提高工作效率，对栏杆分格及连接方式进行优化，以实现"工厂化加工，装配化施工"。在工厂将栏杆制作成安装单元，转角弯头制作成标准件，进场后可实现快速拼装。

（2）测量放线

根据优化的栏杆标准单元尺寸及安装方式，将固定件间距、位置、标高、坡度进行找位校正，弹出栏杆纵向中心线和固定件的位置线。

（3）固定件安装

按所弹固定件的位置线，打孔安装，固定件安装在钢楼梯踏步侧面，采用 $\phi 6$ 的螺栓固定；检验合格后，焊接立杆。

（4）现场装配

先安装主立杆，再安装栏杆单元，最后安装扶手。主立杆与固定件、标准单元及扶手均采用焊接连接。焊接后，应清除焊药，并进行防锈处理，最后清理抛光。

（5）质量标准

栏杆安装牢固、稳定，扶手高度及立杆间距符合设计要求，焊接焊缝符合设计要求及施工规范规定（图6.4-4）。

图6.4-4 不锈钢护栏工厂加工及现场安装

6.4.4 施工小结

1. 实现快速建造

结合装修材料特性及现场条件等因素，编制以装配式装修为主导的快速建造施工方案，通过样板间施工验证，让各施工队伍熟悉材料、施工工艺，并统一验收质量标准。提前筹备室内装修工程所需材料、机具及劳动力等资源，保证足够的材料部品部件能快速进场、直接应用到作业面，保证足够的成熟技术工人随时进场、快速安装。

2. 协调工序交叉

遵循项目指挥部"先土建，后设备，装修及时插入"的施工部署原则。将室内装修工程分区、分段（楼）、分层管理，各施工区内部根据箱式房和整体卫浴的安装进度，合理安排基层结构施工和装饰面层安装，各楼层采取平行或流水作业，与区段内机电专业交错施工，最大限度地减少专业间工序交叉的现象。

3. 成品保护

因现场施工集中，人多材料多，作业面分散、交叉作业普遍，现场应采取积极有效的成品保护措施：安装完成后，实行分区封闭管理，严禁作业人员推车通行、搬运硬长材料，以免磕碰损伤；每楼层设专人看管，避免人为破坏。

6.5 景观施工技术

6.5.1 工程特点

室外管线和景观同时施工时，存在穿插配合以及成品保护问题，按照"先地下，后地上"的原则施工，即地下管网施工完毕后，再进行场地的平整以及绿化的准备工作，前者施工在先，后者施工紧随其后。

为解决中大型机械进出场地影响景观施工进度问题，提前沟通了解机械设备的进出场时间计划，合理地分阶段、分块安排景观施工，避免给景观施工时造成阻碍。

采取夏季绿化苗木、花卉地被的反季节种植保活技术措施，提高园区绿化植物的成活率。

6.5.2 施工流程

景观施工流程（图 6.5-1）。

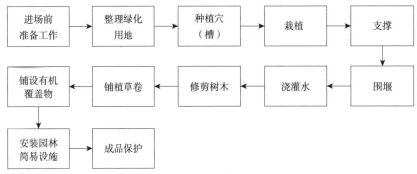

图 6.5-1 景观施工流程

6.5.3 施工要点

1. 微地形整理

确定现场标准水准点、坐标控制点。提前开展土方平衡测量，计算出现场实际挖方量、填方量和运出或运入土方量，并编制和确定土方调配方案。采取机械粗造型整理为主、人工细造型处理为辅的方式快速进行地形整理，过筛后的原土或客土应按竖向设计图纸进行均匀摊铺、找平、找坡（图 6.5-2）。

2. 反季节种植

1）夏季高温，植物蒸发量大，为保证苗木的成活率和景观效果，在常规绿化种植施工工艺的基础上，还采取了快速恢复苗木活力的技术措施。

图6.5-2　地形整理机械为主，人工为辅

2）苗木进场时间以早、晚为宜，雨天加大施工量，在挖苗前及时对树冠喷抗蒸腾剂，减少树冠水分散失。在晴天的条件下，每天给新植树木喷水2次，时间适宜在上午9时前和下午4时后，保证植株蒸腾所需的水分。

3）起挖前，对树冠进行疏枝、短剪、摘叶，以平衡树势，提高成活率。苗木栽植全过程应轻拿轻放，各工序做到衔接紧凑，缩短暴露时间，做到随掘、随运、随栽、随浇水。随水灌入ATB3号生根粉，以促进早生新根，快速恢复树势，扩大树冠。

4）新植苗木后，应立即做围堰，且当天应浇透第一遍水。之后，可根据树种生态习性、土壤墒情、降水量等情况确定以后的灌水时间，一般3d后浇第二遍水，7~10d之内浇第三遍水（图6.5-3）。

图6.5-3　苗木种植

3. 草卷铺设

夏季高温会导致新植草坪过度蒸腾失水，形成代谢失调，使根系生长缓慢，甚至死亡。为保证草卷的存活率和铺设效果，铺设时采取如下技术措施。

1）铺设草卷前，在种植面层撒施含有保水剂的营养土，促使新植草坪快速扎根。由于正值夏季高温，铺设避开中午炎热时间，选择早晨、午后或夜间铺设，降低铺设草卷时的水分蒸发。

2）结合不同区域的地形和地势特点，施工时应从一侧向另一侧逐块铺开，或从中间向四周逐块铺开。草卷之间要对齐，应相互衔接不留缝隙，不能有卷边或重叠；无法对齐的边用壁纸刀裁直裁齐。

3）碾压草卷后，第一次浇水应及时浇透，浸湿土厚度应达到 10cm。如灌水后出现漏空低洼处，应填土找平，浇完第一遍水后，宜用碾子将草坪再碾压 1~2 遍，使草卷与土壤接触更紧密、地坪更加平整（图 6.5-4）。

（a）　　　　　　　　　　　　　　　　　　（b）

图 6.5-4　草卷铺设
（a）铺设过程；（b）完成效果

4. 有机覆盖物铺设

利用有机覆盖物铺设可以缩短施工周期，实现快速建造，是本项目景观工程的关键环节，也是最大的亮点。具体施工工艺如下。

1）清除施工区域内的杂草、石子、垃圾等影响覆盖面层平整度的杂物，根据图纸坐标进行覆盖物区域放线，埋设草石隔离带，埋深 10cm，土层外露草石隔离带 5cm，不同颜色区域也埋设草石隔离带，用于区分边界。

2）将有机覆盖物运输至施工区域，在运输过程中，应避免破坏土地的平整性，依照施工图纸按不同色块依次倒出有机覆盖物，覆盖厚度为 5~6cm，以拍压后覆盖分界草石隔离带不裸露为宜，摊匀、拍压，使表层平整、密实。

3）做好有机覆盖物与路面、隔离带、草坪等的衔接处理，使边界分明、不杂乱。采用透明隐形覆盖网加以固定，并用喷淋方式对覆盖表层喷水保湿（图 6.5-5）。

（a）　　　　　　　　　　　　　　　　　　（b）

图6.5-5　覆盖物铺设

（a）铺设区域放线；（b）分区铺设草石隔离带

6.5.4　施工小结

1. 提前组织、避免交叉

施工之前，应组织召开与室外综合管线专业、大型机械设备管理等单位的施工交底会，强调各专业严格按图纸施工，大型机械设备进出场按计划执行，避免后面给景观施工造成阻碍，影响进度。

2. 结合现场、合理优化

对于一些室外综合管线冲突的位置，如无法规避，则景观施工单位应及时与设计单位沟通，结合现场实际情况合理优化、解决问题，保证整体景观效果不受影响。

3. 确保进度、昼夜施工

组织大批施工队伍和管理人员分成日、夜两班，昼夜不停地铺设有机覆盖物和草坪，极大缩短了施工周期，保证了施工进度（图6.5-6）。

图6.5-6　昼夜进行铺设施工

6.6 导标施工技术

6.6.1 工程特点

本工程规模大，导向标识的分类和数量繁多，工期紧张，需要快速加工生产及实施安装。因此，在制作标识时，要结合设计方案，采用简单合理的材料和工艺。

在常规情况下，导向标识是在其他专业施工单位撤场后才进行安装，但本工程时间紧迫，室内、外标识只能结合现场实际情况与其他专业进行交叉作业，最终通过分区分批安装的方法保障项目按期交付。

6.6.2 施工流程

导向标识的生产和施工流程如图 6.6-1 所示。

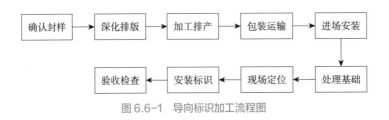

图 6.6-1 导向标识加工流程图

6.6.3 生产加工

1. 进度保证措施

1）建立为本工程服务的权责管理体系，定岗、定人、授权，各负其责，并制订可落地的交付计划。

2）采用不锈钢、铝板、亚克力、高密 PVC 等工厂常备且库存充足的常规材料。

3）标识加工涉及的颜色、材质，在工艺大批量加工排产前，应进行封样，并提交设计方确认达到设计要求。

2. 加工保证措施

加工图纸流转至工厂后，技术组对图纸进行分析，对材料用量及配件、辅件进行核算后下发车间，经质检部门对材料进行检测后，材料才能出库；然后进入开料、刨槽、折弯、焊接、打磨、烤漆、光源、调试、组装、质检、包装、出库等标准化工作流程；最终分批、分项出货运往现场。

3. 质量保证措施

本项目执行质量全过程控制，原材料采购、生产安装过程、成品责任安装验收三大主要环节都有品管员质检，确保不会有废、次产品流入现场（图 6.6-2）。

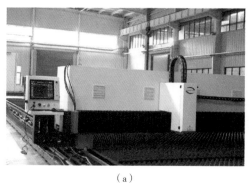

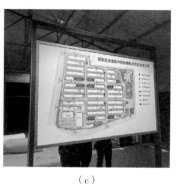

（a） （b） （c）

图 6.6-2 标识加工
（a）现场样板确认；（b）工厂加工生产；（c）出厂检验包装

6.6.4 现场安装

室外部分：景观园林同步施工且工期极短。采取直埋安装形式，牌体增加基础龙骨，减少与景观的交叉界面，提升安装效率，并达到结构稳定需求。

楼体标识：室外建筑上的高位标识通过 8t 交通挂篮起重机吊装，标识与箱式房墙体使用机硅胶粘贴，机械挂扣固定。

室内部分：室内标识数量巨大，又涉及与多专业同时施工，因此采用分批次、分区域安装；结合现场实际情况，灵活调度工人和物料，确保工期和标识安装位置准确（图 6.6-3 ）。

（a） （b） （c）

图 6.6-3 标识现场安装
（a）室外标识安装；（b）楼体标识安装；（c）室内标识安装

第 7 章
BIM 技术的应用

BIM 技术应用于建筑工程的全生命周期，包括设计、施工、运营使用、平疫转换的完整过程。BIM 技术承载的信息具有完备性、关联性、一致性，可以利用 BIM 所含的数据参数信息进行有效、简洁、快速的传递，以缩短建造周期。利用 BIM 技术的可视化性，整个过程都在可视化的状态下进行沟通交流、研究分析和商讨决策，且可用作效果图展示以及图表生成以加速方案的决策。利用 BIM 技术的协调性，对各专业之间的碰撞检查，净空协调，钢结构节点与其他专业之间的深化协调，生成协调分析图表，用于方案的决策和现场施工指导，避免拆改，节省工期。利用 BIM 技术的模拟性，优化完善设计方案、模拟建造施工，5D 成本的动态模拟分析、紧急情况下的逃生模拟、机房设备设施的运行模拟，科学合理地安排工序，以缩短工期，有效控制成本。利用 "BIM+" 技术，可以在防疫需求下进行无接触交底。

7.1　BIM 应用必要性

1. 协同管理提升工程品质

本工程为北京市抗击新冠肺炎疫情的重点工程，利用 BIM 技术，可以有效提高设计施工协同效率，确保工程建设品质，辅助实现工程目标。

2. 仿真模拟增强防疫能力

本工程建设处于疫情期，需保持从业者的安全距离，减少人员聚集，采用 BIM 仿真模拟进行数字交底，可以有效减少施工人员的近距离接触，加强防疫管控。

3. 数字化设计加工加快建造速度

本工程为装配箱式房，专业多，空间有限，施工难度大。利用 BIM 技术进行数字化设计、工厂预制加工生产、现场装配，并通过可视化、模拟性功能实现一次安装成功，可以有效节约工期，最大限度地满足工程施工需求。

4. 提高精细化管理水平

本工程工期紧，数千人同时施工，数十家供应商提供材料，统一规格标准是实现工程质量的保障，利用 BIM 技术统一工艺标准，进行精准管理，可以充分地满足管理需求。

5. 服务运维管理

利用 BIM 技术，可为今后医务管理（空间管理、物资规划、路径模拟）预留接口。

7.2　BIM 应用组织架构

本项目将 BIM 技术应用于全过程项目管理，设计方案阶段便成立组织架构健全的 BIM 团队，全程利用 BIM 技术进行深化设计、施工模拟、施工指导、材料管理、运维管理等（图 7.2-1）。

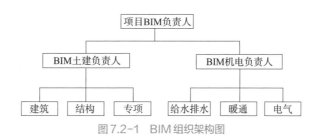

图 7.2-1　BIM 组织架构图

7.3　设计过程 BIM 应用

1. BIM 实施过程周期

BIM 技术从设计阶段就已经介入，并与设计同步进行，在总图理念、道路规划、结构基础、管线布置、市政外线、箱房结构、洁具布置、点位深化等多方面辅助设计，提高效率。

通过 BIM 技术在可视化的基础上，开展设计院、箱式房厂家、整体卫浴厂家以及各施工分包单位的对接、沟通、协调工作，降低沟通成本，精准发现并解决问题（图 7.3-1）。

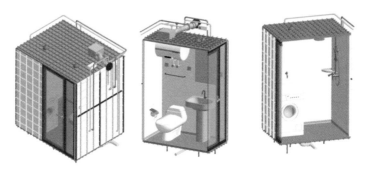

图 7.3-1　整体卫浴可视化模型

2. BIM 辅助场地布置

通过 BIM 技术搭建施工场地的模型以及周边道路模型，合理规划施工场地内材料的堆场布局、各施工分区布局，提前规划各箱房进场、材料进场的合理路线。

利用 BIM 的三维可视化功能，随工程进度需要，不断优化施工场地布局，调整、保障场内外材料进出场的合理衔接工作，提高效率，缩短工期，如图 7.3-2、图 7.3-3 所示。

3. BIM 模拟各方动线

利用 BIM 技术快速布置箱房组团模型，结合场地、道路模型，对医护人员动线、隔离人员动线、物资动线、垃圾动线等进行模拟分析，验证方案，辅助设计，提高决策效率，如图 7.3-4、图 7.3-5 所示。

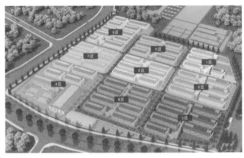

图7.3-2 分区图

图7.3-3 功能划分图

图7.3-4 隔离人员动线模拟

图7.3-5 物资动线模拟

4. BIM 解决管线碰撞

利用 BIM 技术对结构基础模型、箱房结构模型、各专业机电管线模型进行合模，解决碰撞问题，利用模型可视化进行深化设计，合理深化排水管放坡、机电管线间碰撞、管线支管与箱房底部龙骨碰撞等问题，提前深化，减少返工，如图 7.3-6、图 7.3-7 所示。

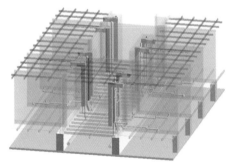

图7.3-6 管廊机电深化设计模型

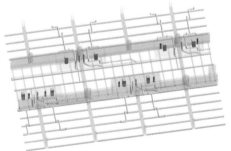

图7.3-7 排水管道深化设计模型

5. BIM 优化管井排布

结合 BIM 对管井内各专业管线进行综合排布，对管线进出管井位置进行局部模型搭建，对管线与箱式房管道进行碰撞检查，优化管线布局，辅助设计决策，提高设计效率，避免施工返工，如图 7.3-8~ 图 7.3-10 所示。

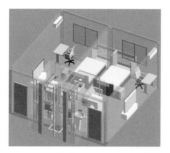
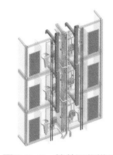
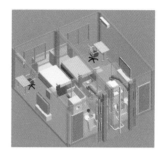

图7.3-8　管线入户深化模型（一）　图7.3-9　管井深化模型　图7.3-10　管线入户深化模型（二）

6. BIM 深化屋面设计

利用 BIM 技术，可以对屋顶结构模型、箱房结构模型、各专业机电管线模型进行合模，检查、解决碰撞问题。利用模型可视化进行深化设计，优化屋面夹层各专业管线排布及设备布置，深化各管井出屋面管线与主管线的衔接布置，解决管线与屋面结构间的碰撞问题，为有效提升施工进度奠定基础，如图 7.3-11、图 7.3-12 所示。

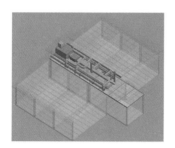

图 7.3-11　屋顶机房深化设计模型　　　图 7.3-12　管廊内管线深化设计模型

7. BIM 辅助支吊架设计

结合地下基础反梁、箱房龙骨结构、屋面钢梁等各处结构模型与管线模型，进行合模分析，确定支撑方案，给出节点模型，前期辅助设计，后期指导现场施工如图 7.3-13、图 7.3-14 所示。

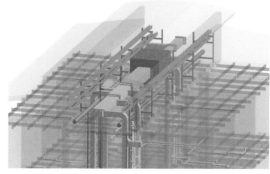
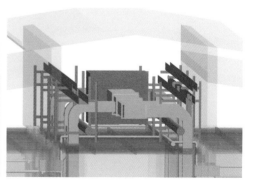

图 7.3-13　管廊支吊架方案模型　　　　　图 7.3-14　局部支吊架方案模型

8. BIM 指导隔离用房户内布局

搭建箱房模型与各家具、器具模型，利用 BIM 的可视化特点，辅助设施的选择、摆放，让户型设计更直观、更简单、更快捷。同时，对户内开关、插座、灯具等各机电末端进行建模，深化布置点位，优化布局，满足功能，提升品质，见图 7.3-15。

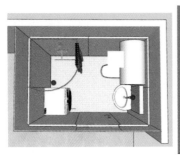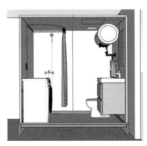

图 7.3-15　卫生间布局方案模型

9. BIM 设计协同

本项目采用三维协同模式进行施工图设计工作。不同于传统的二维设计模式，BIM 协同设计是利用三维数字模型以及其包含的各项工程设计信息生成所需要的图档，与其模型数据信息一致、完整，并可向后续施工及运维阶段传递的设计模式。通过这种设计方式，可以使建筑、结构、给水排水、暖通、电气各专业基于同一模

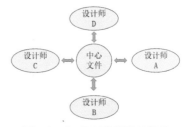

图 7.3-16　BIM 协同设计模式

型进行设计工作。该设计模式由于 BIM 技术在设计初期便介入，节省了因为二次翻模造成的人力成本的浪费和额外时间的消耗，由于设计师直接采用 BIM 技术进行施工图设计，可以确保三维模型的准确度以及 BIM 信息的延续性，大幅提升了设计质量，推动了项目的精细化管理，缩短了设计周期，节省了工期（图 7.3-16）。

7.4　施工过程 BIM 应用

1. BIM 整体实施

项目前期建立 BIM 实施标准方案以及 BIM 样板文件，统一 BIM 技术执行标准。对设计院、各分包单位、各厂家等多方 BIM 技术成果进行整理，整体规划，统一布局，形成样板，指导施工。

2. 施工进度模拟

采用 BIM 技术，可以对施工进度进行模拟，合理安排工序，保证工期进度，见图 7.4-1。

图 7.4-1 机电管线施工模拟

3. 交底可视化应用

项目中深化的各节点模型、管线综合模型、支吊架节点模型等，以 BIM 出图和三维模型的方式与各方进行交底，可以更直观、准确、快速地传达设计意图和施工节点的做法，辅助各方进行协调，提高沟通效率，准确落实做法，验证实体实施。并且该方法不受时空限制，可以为现场多组团、多工班，不同区域、不同进度进行统一性交底，降低错误率，加快施工进度，见图 7.4-2。

4. 二维码快捷传导

对于标准、复杂节点部位，通过轻量化技术形成模型二维码，并将其张贴在施工现场，作业人员可随时通过手机扫码查看模型，能更加清楚施工做法，提高施工效率与准确率。同时，在疫情期间采取此种直达个体的交底方式，有效减少了人员聚集，保持从业者的安全距离，二维码的应用也降低了获取 BIM 的成本，提高了技术沟通协调的效率，更稳定可靠，更易于传播（图 7.4-3）。

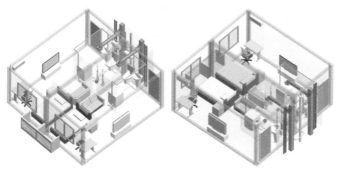

图 7.4-2 管井内管线入户做法可视化交底

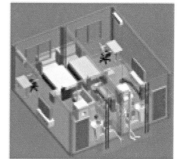

图 7.4-3 首层北走道管井施工模型

5. 基于 BIM 的技术的材料管理

通过 BIM 提供的材料信息进行项目材料管理，可以准确审核材料采购量、限额发料量、合理下料、及时更新工程量，为降低成本、提高效益提供可靠的技术手段。

BIM 数据库包含材料的全部属性信息。通过模型信息，可以快速获取各种材料属性，通过导出材料用量表格，对数量大的材料、重点设备及高价值材料进行特殊标注，并结合施工模拟进度，对相应特殊部位材料（如连廊与单体建筑连接部位箱体）的进场时间进行精确控制，以减少现场堆放空间、保证运输通畅。

运用 BIM 进行材料的精细化管理，根据各分区模型进行材料统计，对各分区分包和班组进行限额发料，防止错发、多发、漏发等无计划用料，减少了施工现场的材料浪费、积压，有效避免了因材料错乱而导致返工、工期延误等情况。

7.5　BIM 创新应用

1. 思路拓展实现快速建模

通过 BIM 技术搭建箱式单元房模型，利用模型在各功能区进行快速排布，辅助规划、决策各组团箱式房布置方案，验证各方案的可实施性、功能性，全面展示思路，高效落实方案，见图 7.5-1、图 7.5-2。

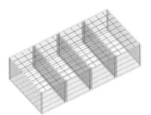

图 7.5-1　功能区箱式房模型　　　　图 7.5-2　整体组团箱式房模型

2. 技术延伸辅助医管运营

利用 BIM 技术，可以辅助医务管理，如空间规划、资源配置、路线模拟、病理分析等，令 BIM 技术具有更为广阔现实的后建筑应用价值，见图 7.5-3、图 7.5-4。

图 7.5-3　BIM 辅助运营模型　　　　图 7.5-4　BIM 辅助运营管理

3. 智能设备现场综合应用

在施工现场，利用基于 BIM 技术的设备管理系统，运用物联网、移动通信等技术，管理人员可利用移动终端软件进行现场施工指导，统一所有作业指导标准，以及进行施工进度对比等。

第 8 章
箱式房及整体卫浴产品

8.1 箱式房产品

8.1.1 箱式房特点

箱式房是一种可移动、可重复使用的建筑产品。采用模数化设计、工厂化生产，以箱体为基本单元，可单独使用，也可通过水平及竖直方向的不同组合而形成宽敞的使用空间。根据本项目"建设体量大、建设标准高、施工难度大、施工工期紧"的特点，选用箱式房作为建筑基本构件无疑是项目在20d工期内顺利完成的先决条件。结合"满足防疫、平疫结合、造价控制、快速建造"的实施原则，本项目采用的箱式房，除满足绿色、快速的基本要求外，还对箱式房产品的建筑设计、标准化提出了更高的要求，从而确保了项目品质，通过控制细节，充分体现了"城建人"精心设计、精心施工的精神，保障了项目的完美呈现。

1. 绿色建造、快速安装

箱体单元结构是采用特殊型钢焊接而成的标准构件，箱与箱之间通过螺栓连接而成，结构简单，且安装方便快捷。箱式房墙板为镀锌铝彩涂板夹芯板，承重地板在工厂复合PVC饰面层，箱体内的电气管线、灯具接口、插座等根据设计要求在工厂组装完成，通过设计与厂家密切配合，出厂即完成装修，吊装完即可使用。箱式房安装为干作业施工，避免了湿作业对周围环境的影响。同时，箱体上部荷载较小，对地基承载力要求较低，极大地简化了地基处理和建筑基础的设计施工，大大减少了施工难度，节省了项目工期及建造成本。

2. 建筑设计充分考虑箱式房特性

根据箱式房产品特点，结合快速建造要求，本项目对于户型采用模块化设计，在满足使用功能的基础上，简化并统一了箱体的规格。同时，通过管廊与坡屋面、结构基础的一体化设计，既妥善解决了箱式房固有的漏水、雨天噪声、基础易积水等问题，又解决了管线明露难题，一举多得，确保了项目的高品质。

3. 产品标准化细节控制

由于项目规模大、工期紧，单一供应商无法满足项目需求，然而市场上箱式房厂家众多、标准不一，保温做法、构件厚度、配电系统等都存在较大差异，无法满足设计及使用要求。根据市场实际情况，结合项目要求，本项目通过设计、采购、厂家三方的紧密配合，对不同供应商提出了统一的产品标准要求。

1）保温材料标准化：明确产品保温隔热材料要求，保障了节能和使用舒适度。

2）结构构件标准化：对结构构件材料、厚度等给出明确要求，保障了产品的安全性。

3）装修材料标准化：规范地面、墙板等材料的环保要求，保证了项目建成即可用。

4）配电系统标准化：配电系统标准化是箱式房产品标准化的关键，不同厂家的箱式房，其配电箱位置及模数、进出线开关规格、接线电缆规格、插座点位、灯具选型及布置等存在很大差异，如不统一，安装箱式房后，需进行大量拆改，将导致工程浪费及工期不可控等严重问题，本项目对配电系统标准化的重点把控，是项目成功的关键因素。

5）外窗品质提升：箱式房原有塑钢窗面积小、品质低，本项目隔离房间外窗统一提升为断桥铝落地窗，大大提升了居住体验，保证了项目品质。

8.1.2 箱式房建筑设计

1. 户型模块化设计

本项目有单间、一室一厅、两室一厅等不同的户型组合，采用模块化、标准化设计，在工厂预制生产，相同使用功能的箱体或构配件具有通用性和互换性，安装、维修方便。

2. 卫浴布局研究

在方案初期，隔离用房布局存在卫生间布置在建筑内侧还是外侧的问题。如将卫生间布置在用房内侧，优点是项目品质高、人性化设计，较大面宽朝向外墙，房间通透开敞，体验感好；缺点则是管线布置在基础夹层内，检修不便。如果将卫生间布置在房间外侧，管线方便检修，但品质差。综合评估后，项目最终采用卫生间布置在内侧的方案，结合基础夹层和坡屋面设置设备管线层，提升了项目品质，并保证了机电系统的检修维护需求。

3. 统一围护结构物理性能要求

（1）临建房屋的围护结构热工性能应符合《建设工程临建房屋技术标准》DB 11/693—2017 的相关规定。本项目具体要求见表 8.1-1。

表8.1-1 临建房屋的围护结构热工性能

围护结构部位	传热系数K [W/ (m² · K)]
屋面	≤ 0.55
外墙	≤ 0.6
地板	≤ 0.6
门窗	≤ 3.0

（2）临建房屋外窗的气密性不低于现行国家标准《建筑外门窗气密、水密、抗风压性能检测方法》GB/T 7106—2019 规定的 5 级。

（3）临建房屋材料应符合现行国家、行业和地方标准要求，构配件应选用节能、环保型产品，不得使用国家及北京市淘汰的产品。

（4）墙体材料：本项目均采用75mm厚金属夹芯墙体，钢板厚度应满足《建设工程临建房屋技术标准》DB 11/693—2017的要求（表8.1-2）。

表8.1-2　墙体材料参数

材料名称	芯材密度 （kg/m³）	传热系数 [W/（m²·K）]	等级	耐火极限 （h）	备注
75厚金属夹芯墙体	≤ 60	0.457	A	—	

（5）房间外门选用钢质门，采取密封措施。

（6）外窗选用节能门窗，玻璃为双层中空玻璃。建筑走廊两端门联窗玻璃、落地窗玻璃采用钢化玻璃。

4. 考虑平疫结合，外窗品质提升

箱式房的原有白色塑钢窗存在立面呆板、室内空间不通透、气密性差的问题，经过各方研究探讨，结合品质要求与成本情况，将推拉窗升级改造为断桥铝合金框LOW-E中空玻璃的落地窗，使得室内更加明亮通透，提升了外立面品质，同时提高了外窗的保温隔热性能。隔离用房的窗户安装限位器，采取密封措施如图8.1-1所示。

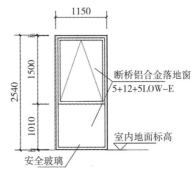

图 8.1-1　集装箱式房立面开窗调整

5. 设置坡屋面解决漏水，提升第五立面效果

本项目大部分建筑为三层单体，且有大量的机电管线，而箱式房屋面防水天然存在缺陷，尤其在面临大量交叉施工时，屋面极易被破坏，存在漏风漏水等问题。本项目设计之初，便考虑增加了坡屋面，解决了保温、隔热、防水、集装箱排水、设备安装、下雨产生噪声等一系列问题，并通过坡屋面的彩虹设计，提高了项目的整体品质，成为本项目的点睛之笔。

6. 考虑快装快拆，注重可持续发展

箱式房采用夹芯保温板作为墙体材料，具有良好的保温、隔热、隔声效果，同时，墙体、地板、吊顶与结构框架之间采用扣件连接。房屋钢结构材料可100%回收，其他配套材料大部分也可回收，所有材料均为绿色建筑材料，满足环保要求；需要迁移时，可将房内物品进行整体迁移，无须再次拆装，可循环使用。

8.1.3　箱式房结构系统

1. 结构材料要求

1）结构用钢材力学性能应满足不低于 Q235 钢的技术要求。承重结构所用的钢材应具有屈服强度、抗拉强度、断后伸长率和硫、磷含量的合格保证；对焊接结构，尚应具有碳当量的合格保证。焊接承载结构以及重要的非焊接承重结构采用的钢材应具有冷弯试验的合格保证。

2）型钢、钢板、钢管所采用钢材，其质量应符合《低合金高强度结构钢》GB/T 1591—2018 的规定。

3）立柱用紧固件性能等级不应低于 8.8 级，其他紧固件性能等级不应低于 GB/T 3098.1—2010、GB/T 3098.2—2015 中 4.8 级，紧固件均应镀钵，镀钵层应符合 GB/T 5267.1—2002、GB/T 5267.2—2021、GB/T 5267.3—2008 的规定。

2. 荷载要求

1）楼面活荷载：$2.0kN/m^2$。

2）屋面（不上人屋面）活荷载：$0.5kN/m^2$。

3）基本风压：$0.35kN/m^2$；地面粗糙度类别：B 类。

4）基本雪压：$0.25kN/m^2$。

5）室外连廊、室外平台栏板水平荷载不小于 1.0kN/m，竖向荷载不小于 1.2kN/m。

3. 结构布置

（1）顶盖结构及配件

四周主梁采用镀锌热轧钢制型材，四个镀锌角件与主梁焊接成框，次梁采用冷弯薄壁 C 形钢。屋面板规格如下：0.45mm 厚彩钢板，颜色白灰色，PE 涂层，镀锌含量不小于 $70g/m^2$；360° 咬口搭接。吊顶板规格如下：0.5mm 厚镀铝锌彩钢板，颜色白灰色，PE 涂层，镀铝锌含量不小于 $40g/m^2$。

（2）角柱

热轧钢制型材，四个角柱尺寸相同，具有互换性。角柱与顶框及底框采用内六角头高强螺栓连接，强度为 8.8 级。

（3）底座结构及配件

四周主梁采用镀锌热轧钢制型材，四个镀锌角件与主梁焊接成框，次梁采用 60mm×120mm×1.8mm 方钢。室内地面：18mm 厚水泥纤维板，密度不小于 $1.2g/cm^3$。

箱式房三维剖切示意图如图 8.1-2 所示。

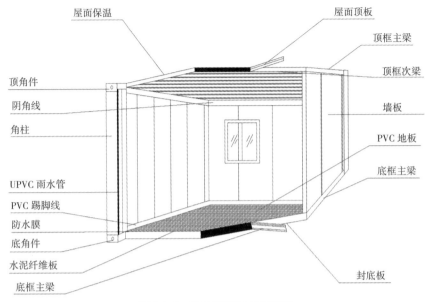

图 8.1-2　箱式房三维剖切示意图

8.1.4　箱式房配电系统

1. 箱式房配电系统现状问题

本项目隔离组团与医护宿舍均采用箱式房，较常规办公和居住用的不涉水箱式房存在功能上的差异，需要预留整体卫浴水电及等电位接驳条件。在与各箱式房厂家沟通咨询后，发现常规箱式房存在以下问题：

1）不同箱式房厂家所采用的电缆规格多种多样，且无国家标准统一要求。

2）关于自带配电箱的位置、内部开关模数及元器件的规格型号，不同箱式房厂家的选型及做法均不一致，不满足设计要求。

3）标准箱式房产品的插座主要预留在箱体四周柱角，与隔离房间插座点位需求不符，需提前在工厂定制加工。

基于上述问题及项目现场工期进度要求，若直接订购标准的箱式房产品进行现场安装，上述差异就会导致配电系统接驳混乱，现场拆改工作量大，电气安装做法无法统一，进而影响项目的整体实施效果与工期，甚至会带来后期用电安全隐患。因此，在箱式房订货前，必须统一箱式房电气加工参数及安装要求。

2. 箱式房配电系统标准化

为了减少现场电气安装工作量，需要厂家在工厂内一次性将箱式房内部插座点位安装到位，而插座的点位与房间的装修布局、家具尺寸等密切相关。因此，在设计前期，须提前与使用方进行沟通，充分了解、分析和整理使用需求，并结合箱式房的特点确定电气点位排产图、配电箱系统图、管线敷设图等图纸，要求箱式房必须按图生产，集装箱到场进行电气接驳后，可以直接使用无须拆改，实现项目快速建造、造价节省、安全可靠的目的。电气各需求标准如下。

（1）箱式房配电箱设计

标准箱式房每个房间自带一个标准配电箱，厂家不同配电箱的模数通常为 7P~9P，设计时，结合房间内的用电需求对末端回路进行整合配电，模数按照标准模数配置 8P，为便于线缆接驳，将配电箱设置在房间入口顶部。

（2）箱式房隔离房间内配电回路设计

根据运营使用需求，隔离房间及医护房间配电箱户内进线总开关采用 32A/2P 断路器，照明与插座共用一条回路，开关为 16A/2P 漏电断路器，空调回路开关为 20A/2P 漏电断路器，一体化卫浴开关为 25A/2P 漏电断路器；隔离房间内的照明回路、普通插座回路、空调回路及末端开关插座点位由厂家一次安装到位，一体化卫浴预留电源和等电位接线条件，各回路线缆规格与开关整定值相匹配，管线均提前穿管，并预埋在吊顶内。

（3）箱式房走廊箱内配电回路设计

根据运营使用需求，进走廊两端的端头廊箱设置配电箱，廊箱配电箱进线总开关采用 32A/2P 断路器，照明回路开关为 16A/1P 断路器，走廊空调回路开关为 20A/2P 漏电断路器，普通插座回路开关为 20A/2P 漏电断路器。走廊箱的普通照明回路、普通插座回路、空调插座回路及末端开关插座点位由厂家一次安装到位，走廊箱内应急照明、智能化等管线现场二次配管安装，待走廊箱内二次配管安装完毕，厂家再做走廊箱吊顶封板，如图 8.1-3~ 图 8.1-6 所示。

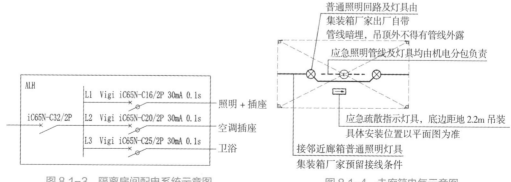

图 8.1-3　隔离房间配电系统示意图　　　　图 8.1-4　走廊箱电气示意图

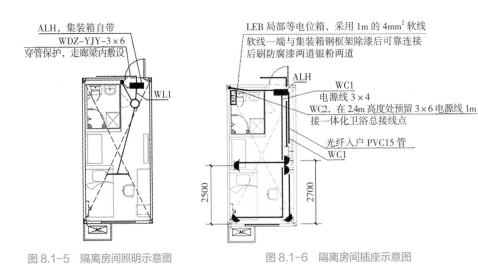

图 8.1-5　隔离房间照明示意图　　　　图 8.1-6　隔离房间插座示意图

8.2　整体卫浴产品

8.2.1　整体卫浴特点

卫浴部分是日常使用最频繁、用水最多的区域，是一个工程项目能否保证品质的关键环节。经过总结之前小汤山等多个应急工程的经验，经过市场上不同产品对比，最终选择整体卫浴产品，其具有如下特点。

1. 一体化集成防水防潮，避免工程漏水隐患

整体卫浴采用压铸一体化底盘，自带排水坡度，底盘整块无拼接，周边自带 3cm 防水翻边，具有多重防水保护，同时解决了房间内无降板及同层排水问题。卫浴墙面采用成品 SMC 防水材料压铸一次成型，板与板之间横向锁定，减少拼接缝，安装墙壁后，板缝之间采用防水胶密封，杜绝漏水和渗水隐患，减轻后期维保压力。

2. 工业化生产及批量安装，满足快速建造原则

作为疫情应急抢险项目，本项目施工工期紧张，整体卫浴具有一体化设计、工业化生产、现场干作业方式安装等方面的先天优势；墙、顶、地均采用模块化拼装。生产成独立的六面体整体搬运，现场快速批量安装，可大幅降低施工难度，缩短施工周期，保证可以快速、高品质地完成项目。

3. 卫浴功能设施齐全，提高居住舒适度高

本项目建设标准高突出人性化设计，室内卫浴是给隔离人员提供日常便溺、洗浴、盥洗等日常卫生活动的重要使用空间，是居住舒适与否的关键所在。因此，在整体卫浴的产品选型方面，要容纳淋浴、盥洗、马桶、洗衣机、热水器多种功能的生活设施，

空间划分上做到干、湿区分离，让人在使用时感受到温馨、舒适。

4. 为平疫结合提供了硬件保障

本项目不仅考虑疫情下紧急隔离点使用，同时考虑到隔离观察点未来要转变经营功能使用，尽力提高本次建设的综合效能。卫浴内部空间功能完备，当后期转换为青年公寓使用时，可较好地承载人们的日常使用需求。

8.2.2 整体卫浴选型

1. 产品选择

产品选择要求：隔离用房平面宽度限制 3m，预留出门洞、走道、开关等位置尺寸，卫生间外轮廓宽度须控制在 1.5m 以内；集装箱长度为 6m，要容纳单人床、沙发、书桌等功能家具，卫生间外轮廓长度须控制在 2m 以内。结合防疫转换需求，卫生间内要容纳淋浴、盥洗、马桶、洗衣机、热水器五种使用功能，同时让居住者感受到宽敞、舒适。

产品型号选择：整体卫浴 1.4m 系列产品符合本次限定尺寸要求，综合考虑设备安装条件（主要是洗衣机安装位置）和使用感受，通过对比产品，最终选定编号为 AQJ-1418 的产品（图 8.2-1）。

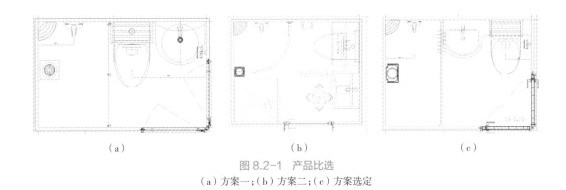

（a）　　　　　　　　　（b）　　　　　　　　　（c）

图 8.2-1　产品比选
（a）方案一；（b）方案二；（c）方案选定

产品效果选择：选型不仅满足使用功能，还保证装饰效果美观。卫浴的顶部采用照明、排气扇和吊顶一体化集成，使空间效果整洁简约。正对门口的墙面选用暖色木纹墙板，提升空间温馨氛围与品质效果（图 8.2-2）。

2. 产品参数

墙板、顶板及底盘均为 SMC 材质，具有质量轻、耐腐蚀、疏水快、防滑、抑菌、便于清洁、使用寿命长、绝缘度高、阻燃性（即密封性）好等特点。SMC 材质可经过高温一次压模成型，易于进行规模化生产。

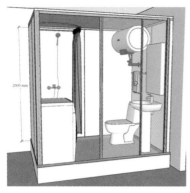

图8.2-2 整体卫浴最终方案模型及实景图

顶面选用宽度为0.9m的两块顶板进行拼接，安装120m³/h大风量排风扇，空间内照明采用规格3寸6W的LED筒灯。

防水底盘采用AQJ-1418系列中的边地漏产品，颜色为灰色，采用二合一多功能地漏，可兼顾淋浴排水与洗衣机排水。

3. 主体配件

主要配件指墙板、顶板、防水底盘，以及各类部品安装前所需的加固和重点连接部位所需的配件，具体为各类板材所需的加强筋、热水器角钢、底盘支脚、各类排污接口所需构件（如角阀、地漏、弯头等）、水电管线固定卡件、各类五金以及粘接胶类等共计25种配件（图8.2-3）。

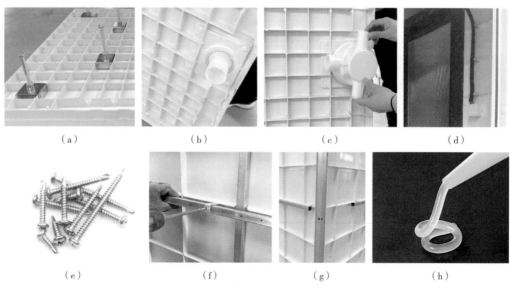

图 8.2-3 部分部品配件效果示意
（a）金属支脚；（b）排污法兰；（c）排污三通；（d）管卡；（e）螺钉；（f）墙板加强筋；（g）墙板连接件；（h）密封胶

4.部品部件

整体卫浴内部品部件包含镜柜、台盆、淋浴龙头等淋浴总成、面盆龙头等面盆总成、插座、各类收纳置物架、坐便器、排风扇、洗衣机龙头、淋浴帘及吊轨等标准统一化部件（图8.2-4（a）、（b））。也包含可进行适当选择的部件，如镜柜包含白色和木色两种类型，适用于不同风格的卫浴空间。台盆柜包含吊柜和立柱台盆两种类型，分别为木色和白色（图8.2-4（c）、（d）、（e））。

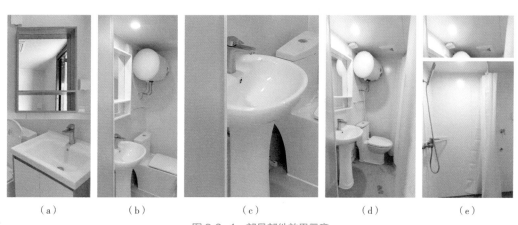

（a） （b） （c） （d） （e）

图8.2-4 部品部件效果示意
（a）木色浴室柜组合；（b）白色浴室柜组合；（c）立柱台盆；（d）浴室图1；（e）浴室图2

8.2.3 整体卫浴构件分发

每间整体卫浴除了防水底盘、墙面、吊顶以及卫生洁具等主体构件，还有多达25种连接配件。要把5000余套卫浴的构、配件快速、准确地分配到现场6家施工单位，有很大的工作量和实施难度，必须结合现场情况制订科学合理的分拣工作计划。本项目通过搭建完备的分拣场地，制订有序的分发流程，最终圆满完成分拣工作，保证了项目建设进度。

1.分拣场地布置

在项目现场附近特设分拣场地，以发货工厂为单位进行划分，将大件产品（如墙板、洁具等）放置在外侧，零散配件集中于出口位置。分拣路线规划要清晰、明了，避免领取现场交叉混乱。各施工单位依据实际领取主体材料数量领取相应的五金配件，避免随意领取配件而造成浪费。

分拣综合办公室设立在入口位置，打造交接窗口，便于开展现场答疑、信息更新等工作，提高各项内、外部分拣交接效率，为分发工作提供灵活、坚实的环境基础，保证分发工作有秩序开展（图8.2-5）。

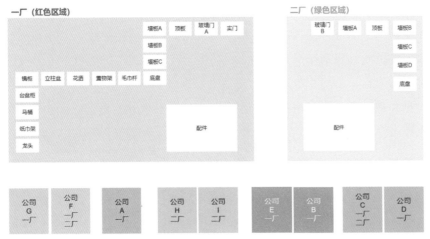

图8.2-5　分拣场地布置图示意

2. 分发工作流程

为保证现场秩序，特制订领取时间表，明确各单位领取人员、联系方式以及分拣对接人员信息，以专人专班的形式有效解决施工现场人员过多、信息错乱等问题（表8.2-1）。

表8.2-1　领取时间表

建设单位	领取时间	联系人	联系电话	分拣对接人	联系电话
公司A	×××	×××	×××	×××	×××

建设单位到场前，可预先联系对接人做好准备工作。依据规定时间到场后，可直接领取产品并登记，具体流程如图8.2-6所示。单独汇总各单位表单，便于统计各单位的实际领取情况，确定产品缺口，及时调整领取方案。

图8.2-6　产品领取流程图

第 9 章
工程维保

9.1 维保重难点分析及对策

七彩家园工程已验收完成并交付使用，为切实做好此工程的维保工作及其他突发事件应急管理工作，保障各系统设施安全、平稳运转，应专门制订维保方案及应急保障措施。此工程建设周期短，为满足快速建造需求，采用了集装箱式房体系。集装箱式房体系的结构可靠度、防火保温性能、供配电系统、防排水系统、采暖空调系统、居住舒适度等条件均无法与永久建筑相比，结合本工程特性，更需要加强维保工作，维保工作需参照建设单位移交的金盏集中隔离观察点项目使用说明书，组织各部门相互配合，制订完善的维保体系，对出现的问题进行快速处理，并建立维保台账进行销项处理。

9.2 维保工作

本项目的维保工作主要是快速解决七彩家园各区域及其配套设施在使用过程中出现的问题，涉及给排水、通风、电气、建筑等各专业系统，主要包括以下内容。

1）防水漏水。

2）通风管道异常及风机系统故障。

3）室内地面空鼓、开裂、有防水要求的地面漏水。

4）门窗开关不严，门锁损坏。

5）厕所及淋浴地面泛水、积水、漏水。

6）外墙、屋顶、管道井等点位渗、漏水。

7）上、下水管道漏水、堵塞，洁具损坏等。

8）消防、弱电监控系统点位故障。

9）室内插座、照明、电梯等电气系统故障。

10）空调系统漏水或者运行异常等。

注：如维保过程中出现新增工程，应单独制订专项施工方案。

针对以上维保工作重点，由城建集团指挥部、各分包单位专业维修队伍组成现有维保体系，指挥部及各分包单位分别配备各专业人员24h驻场，并在场外设置各专业应急备勤队伍，24h场外待命，有任务时随叫随到，保证体系完善，保障有力。

在维保期内，本项目成立各专业维保作业队，维保作业队成员由工程经验丰富、处理问题能力强、工作认真的原项目经理部的参建人员组成，配合业主单位做好各项维保工作。同时，向业主单位提供详尽的技术说明资料，帮助业主单位更好地了解建筑使用过程中的注意事项。

9.2.1 现场工作流程

1.信息接收

维保指挥部及各分包单位所有维保人员，24h驻场并确保通信畅通，白、夜班信息接收人员及相关负责人原则上集中办公。指挥部设置专人接收使用方的报修信息，采用不间断值班制度，值班领导及值班人员可第一时间接维修通知，并在第一时间做出应急响应。

2.应急响应

指挥部接到维修通知后，首先初步筛选问题的专业、区域、类型等信息，由值班人员在第一时间通知分包单位负责人，分包单位立即针对具体问题进行处理。

3.问题处置

接收到维修通知后，指挥部及问题责任分包单位共同对维修问题进行初步诊断，对问题进行分类，主要分两类，即简易问题及专业问题。

对于简易问题，由专业负责人员在远程通过电话或视频，指导现场医护或物业人员对问题进行处理。

对于专业问题，应针对具体问题准备人机料，在医护人员指导下，做好自身防护后，进入现场进行维修。

4.维修完成

指挥部建立维修台账，详细记录通知时间、维修到场时间、维修内容、维修结果等内容，维修完成后，由处理单位、指挥部、使用方验收后，共同签字确认。

9.2.2 防疫工作流程

1.预防措施

1）成立由维保团队负责人总负责的"新冠病毒防控领导小组"，在指挥部的统一领导下开展工作，确保现场人员零感染。设置专职防疫人员，负责对现场传染病防控状况进行监控及督导。

2）与各分包单位等签订传染病防控承诺书，层层设立传染病防控机构，全面部署各项防控工作，确保指挥部整个防控体系严密，不留死角。

3）认真贯彻执行《中华人民共和国传染病防治法》，深入学习国家和北京市与防止传染性疾病有关的政策、法规，提高传染病防范的政策、理论水平和基本技能。

4）购置防疫设施药品及物资，做好充足的防疫物资保障。

5）所有施工人员及管理人员均须佩戴口罩，上下班、吃饭前对所有人员测温，并消毒。当发现有体温异常的人员时，应及时上报，根据具体情况采取相应的措施。办公区及生活区每天安排专人在早、中、晚进行消毒，同时进行适当通风，确保所有人员零感染。

6）施工生活区实行封闭管理，非施工人员谢绝入内，减少感染机会，切断感染途径。

7）施工现场设独立的隔离室、观察室，配备完善的隔离措施，以便对个别疑似人员进行有效的隔离观察，防止疫情扩散。

8）现场实施封闭管理，做到分区域施工、生活、居住，减少区域人员密度。

9）必须由专职卫生员对出入施工现场的人员进行测温、登记，核对人员情况，实行严格的登记管理，保证现场人员的健康状况可控。

2. 应急响应

1）如发现办公区、生活区内有发热病人，应立即做好隔离工作，并在1h内向应急领导小组报告。

2）现场处置组应迅速到达现场，确定可能发生疫情的时间、地点、人员数量等有关内容，可根据具体情况将发热人员进行隔离，等待医疗卫生机构处置，并排查密切接触者。此外，应做好现场的全面消杀工作。

3）现场处置组将收集的相关信息通报应急领导小组，并通知相关医疗卫生机构。

4）协助相关部门做好疫情信息的收集、报告、人员分散隔离，以及公共卫生措施的落实工作。积极协助医疗卫生机构救治职工。

5）对发生疫情的区域，要维护好现场秩序。迅速了解疫情发生的现状、发展趋势等基本情况，按要求做好相关处置工作。

6）应急领导小组迅速召开会议，制订具体应对措施后下发各单位，指导全系统做好应对工作。

9.2.3　例会制度

为了加强协调工作，督促落实工作，提高工作效率，全面完成各项工作任务，特建立工作例会制度。例会由指挥部维保负责人组织，各专业维保人员参加。每天晚上7点在指挥部会议室召开每日例会，汇报总结当日维保销项情况，并做好统计工作。每周开一次工程周例会，各专业负责人对本周出现的问题及完成情况进行总结汇报，对未能完成的任务进行分析，提出可行性意见。

9.3　专业培训及实体防护

9.3.1　专业培训

需要进入污染区的各单位各专业维保人员必须接受现场医护人员的专业培训，熟悉掌握穿、脱防护服的整个流程，并在穿脱过程中详细了解每个流程的注意事项和操作中的重点难点，包括手卫生的重要性、口罩的戴法等。根据维修地点选择固定路线进入污染区，维修完成后，通过指定路线返回，期间必须按规定穿戴防护服。指挥部每周组织维保人员对整体维保流程进行学习、深化，保证维保人员具备专业的防护知识及操作技能。

9.3.2 实体防护

针对整体七彩家园园区、外围生活区及指挥部办公区进行分区管理。各区域出入口须安排物业安保人员24h值守，进出各区域时，须严格按照相关防疫规定执行。园区内部根据现有分区划分污染区及清洁区（隔离人员入住区域为污染区、未入住区域为清洁区），每个污染区周边设立防护栅栏，只留一个出入口（消防通道除外）。每个分区独立管理，由物业安保人员24h轮班值守，区域内部根据实际需要分栋分层管理。周边道路根据需要进行封闭，设专用路线供车辆及维保人员进入，车辆及人员应严格遵守相关防疫规定。清洁区根据需要确定是否设立防护栅栏，在维保工作中，同样应严格遵守相关防疫规定。

9.4 维保风险分级及应急措施

现场维保工作根据风险等级可分为I级响应、II级响应、III级响应（由高到低）。III级响应为一般风险等级响应，主要是指一般故障点位维修，小型配件更换，易损部位的维护维修等。II级响应为较大风险等级响应，主要是指较大范围系统故障，如漏水、停电等影响使用的情况。I级响应为重大风险等级响应，主要包括结构塌陷、物体打击伤害、火灾伤害、触电伤害、电梯救援、疫情扩散等重大安全生产事故。

根据风险等级划分制订专项应急预案及总体维保应急预案，成立应急小组，建立完善的应急保障体系。按照现场报修情况研判确定风险等级，根据风险等级启动相应应急预案及响应措施。并定期组织开展重大风险应急处置演练，组织开展安全防范、应急逃生避险和应急处置等相关培训和演练。

本工程的特殊性决定了维保过程中不得出现任何安全事故。在生产与安全发生矛盾时，要坚持安全第一的原则，在解决了安全技术，保障安全的前提下，才能进行正常生产。现场要做到"一管、二定、三检查、四不放过"。

一管，即设专职的安全员管安全；

二定，即制订安全生产制度，制订安全技术措施；

三检查，即定期检查安全技术措施的执行，检查违章作业，检查雨季安全生产设施；

四不放过，即麻痹思想不放过，事故苗头不放过，违章作业不放过，安全漏洞不放过。

成立以现场总负责为核心的安全领导小组，各分包单位及专业队伍应对所有在场人员进行安全教育及考核，不及格者不得进入现场。完善各项作业安全设施，劳动保护器具必须齐全有效，并定期进行检查和维护，及时消除隐患，保证各类器具可安全运行。

第 10 章
思考与建议

10.1 工程管理思考与建议

大型集中隔离观察点项目作为应急抢险工程，人命关天，主旨是以最快的速度达到预定功能，再辅以造价控制、人性化考虑和可持续发展建设理念，则可完成任务。

《论语·先进》中说："事缓从恒，事急从权"。为了更好地满足应急工程的建设要求，让有限的资金发挥最大的效益，需因势利导，果断采取最有利于工程的管理模式。通过金盏集中隔离观察点项目的经验总结与进一步的思考，在工程管理方面，有如下建议。

1. EPC 建设模式

应急工程建设最合适的是选择综合实力较强的总承包商采用 EPC 建设模式，该模式下设计与施工的整合，天然存在加快项目实施、节约成本、提高施工质量及工作效率等优势，有助于快速实现工程功能，是快速实现工程建设目标的基础。

（1）采用 EPC 建造模式，主要有以下显著的优势

1）总承包商工作范围和责任界限清晰，应急工程建设期间的责任和风险较大。由经验丰富的承包商综合解决，可最大程度地减少项目风险，确保项目成功落地。

2）总承包商负责整个项目的实施过程，能有效解决设计与施工的衔接问题，最大限度解决应急工程中设计与施工便利性，设计与材料采购，进度与工程功能需求平衡的问题，并最大限度减少设计变更，减少工程浪费。

3）总承包商有责任对投资和工期进行最大程度的控制，有利于控制应急工程费用和进度。

4）总承包商对投资、功能、进度和质量负总责，能够最大限度地发挥工程项目管理各方的优势，设计、采购、施工的紧密穿插和衔接，可较大幅度缩短建设周期。

5）可以将业主从具体事务中解放出来，关注影响项目的重大因素，确保项目管理的宏观方向。

（2）采用 EPC 建造模式，为了实现建造目标，需要重点把控的事项

1）总承包商的选择至关重要，业主将应急项目建设风险转移给总承包商，总承包商风险较大，总承包商必须具备较高的工程设计能力、管理能力、技术能力、资金能力、诚信力和履约能力，需要选择具有应急工程实施经验和产业链较为完善的总承包商。

2）业主需要明确建造目标，在前期能快速对总承包商提出的方案设计进行审查和确认，同时加强对总承包商的过程监督，确保实现工程目标。

3）需重点关注项目成本费用问题，建议业主提前委托造价咨询单位并及早介入项目，对 EPC 项目的成本进行过程把控。

2. 政府指挥管理

本项目作为应急防疫工程，涉及规划、建设、防疫、交通、市政、财政、审计等多个部门，需要快速协调的事宜较多，需政府牵头组建多部门参与的工程建设指挥部，进行综合指挥协调，这也是应急工程顺利推进的重要保障。

3. 工程总承包管理

工程总承包单位的组织管理是实现应急工程管理目标最关键的环节，结合应急工程特点，需要重点关注以下三方面的组织工作。

（1）管理体系的组织

本着"最大资源保障、最少管理层级、最强工程实施"的原则，本项目组建由集团领导任现场总指挥的扁平化指挥管理体系，统一调配集团上、下游全产业链资源，统一思想和步调，进行集团式冲锋。

实施层面设立设计协调保障组、技术质量保障组、经营物资保障组、生产调度保障组、安全消防保障组、后勤防疫保障组、财务组等7个职能小组，综合协调，快速反应，发挥各小组的主观能动性，加强各版块的管控，最大限度提高项目实施效率。

（2）信息传递的组织

大型应急工程如同一场歼灭战，时间紧迫，参建单位众多，现场遇到各类问题时，必须快速反应，信息传递应快速准确，信息传递的组织工作至关重要。

具体措施包括：

1）打造全覆盖、网格化的信息传递渠道。网格化渠道包含两个维度，一个维度是以部门和层级为范围特征的信息传递组群，比如现场指挥部全体管理人员群、包含所有参建分包技术人员的设计–技术沟通群等。另一个维度是以事项为范围特征的信息传递族群，比如箱式房工作群、整体卫浴工作群等。

2）建立以设计综合协调牵引的设计–采购–施工信息渠道。应急工程中信息量最大、信息最复杂、对信息准确性要求最高的是设计–采购–施工链条。采用EPC模式，充分发挥设计综合协调牵引作用，能在最大程度上保证信息传递的准确性和及时性，并使信息得到正向和反向传递，实现信息传递的闭环。

（3）评审验收的组织

应急工程建设目标和工期要求不同于一般工程，面临的现场情况复杂多变，往往有超出常规的做法，甚至没有规范可以遵从。本着安全、适用、有效的原则，对一些影响安全功能的重大事项，需要组织专家评审，以保证工程建设顺利推进。比如防疫、消防专项论证等，需要根据应急工程进度要求提前组织相关工作。

在工程验收阶段，由于工程特殊性，应按照应急工程的具体情况，组织相关各方联合验收，比如防疫工程除常规验收外，还应组织消防、防疫部门等参加联合验收工作。

10.2 规划建设思考与建议

10.2.1 规划理念

1. 坚持可持续发展理念，做好平疫转换规划

根据国家卫生健康委员会 2022 年 7 月 21 日发布的《集中隔离点设计导则》要求，集中隔离点的设计，应根据具体情况兼顾平时使用，做到平疫结合。随着后疫情时代到来，如何使未来规划、建设的应急项目避免浪费，做到可持续发展，值得深入思考。

对于现有的应急项目及未来新建的各类应急项目而言，"平疫结合"既是一种战略性选择，也是应对突发公共事件的必经之路。建议相关部门在宏观层面根据城市等级做出应急项目总体规划要求及平疫转换要求；相关单位提前筹划、提前布局，做出应急预案。在突发公共事件到来时，能够拿出考虑到未来发展、相对完备的规划、设计方案，迅速展开快速建造，尽快投入使用；而在紧急事件过去后，又能将应急项目转换为公寓、宿舍等民用建筑，既可以节约投资，又可以延长应急建筑生命周期，达成可持续发展的目标。

2. 坚持先进的防疫理念：落实小组团、大防疫模式

目前国内同期建设的大型隔离点均采取"大三区"形式，即大组团的防疫模式，分为大的隔离区、卫生通过区和准备区，其优点是分区明确，便于管理。但在运营期间，一旦某个隔离病区出现感染病例，全部医护人员均须采取隔离措施，避免彼此感染。为了能够做好隔离点的防疫设计研究工作，研究团队深入一线与运营密切沟通，从解决实际问题的角度进行设计研究。通过系统分析、整理资料，结合工程设计，形成了相对完善成熟的"小组团，大防疫"理论体系。

在小组团模式下，每个隔离组团可分别启动，独立运行，最大限度减小劳动强度，提高工作效率。独立组团形成组团内的"小三区"，实现每个组团闭环管理和定期轮换，可降低医护和管理人员劳动强度，提高工作效率。该成果的应用提高了工程防疫效率，做到了人文关怀和可持续发展，具有良好的社会效益和经济效益，对隔离点项目及类似工程设计具有一定的指导意义。

10.2.2 建筑选型：三代产品历程

1. 未来应急建筑的应用场景

目前已实施的隔离点多采用集装箱房建造，模块箱为工厂标准化预制，生产施工周期快，预制率高，满足快速建造的要求。但由于项目时间紧，市场既有的模块箱产品原本主要针对工地等临时建筑设计，作为未来平疫结合的隔离点建筑直接使用

时，存在使用年限短、质量参差不齐、外围护保温缺失、屋面漏水、结构强度差、建筑防火、隔声、机电及精装拓展受限等大量问题。随着后疫情时代到来，如何确保后续新建的应急项目建筑全生命周期的可持续发展，更加合理地实现其价值，值得深入研究。

应急建筑根据出现时间、项目工期和生命周期可大致分为三类。其中，第一代应急建筑为疫情初期的应急项目如2003年的小汤山医院、2020年的火神山、雷神山医院等，主要以快速建造、满足防疫为主，基本不考虑后续使用（图10.2-1）；第二代应急建筑以2020年小汤山医院、西集、大兴、金盏集中隔离医学观察点项目等为代表，强调防疫优先、兼顾后续，速度优先、兼顾品质的原则；第三代应急建筑为未来的应急项目，应充分满足防疫要求、充分考虑后续使用的永久建筑类型，此类建筑因工期较长，需提前规划、提前布局。

图10.2-1　海淀凤凰岭应急工程、雷神山医院鸟瞰图

不同类型的应急建筑选择对应不同的工期、投资和后续应用场景，需结合具体项目情况综合考虑适用性。

（1）第一代应急建筑

第一代应急建筑主要适用于满足最短建设周期（7~15d）、快速建造为主要目标，设施相对简单的项目。2004年非典期间建成的北京小汤山医院为典型案例，其建设周期压缩为极限时间7d，在SARS疫情期间发挥了重大作用。在疫情结束后，2010年4月2日，北京市卫生局宣布，将拆除北京市小汤山医院非典病房。该建筑未能在新的紧急公共事件中发挥应有的作用。

（2）第二代应急建筑

第二代应急建筑主要适用于满足基本的建设周期（如20~30d），同时在一定程度上兼顾了舒适度及可持续发展的项目。金盏集中隔离医学观察点即为其典型案例，20d的施工周期，也考虑了后续转换为公寓的可能性。本类建筑基于箱式房改造升级，结合了平疫结合隔离点建筑需求，以及现场快速建造、施工安装实际情况。今后，应对箱式房及整体卫浴产品进行系统性研究，充分考虑建设及运营成本、建设工期、消防安全，提升整体模块化装配水平，在耐久性能、围护结构保温、屋面防水、机电及精装配置等方面进行产品提升，为后续隔离点及其他可采用模块化装配式的项目提供借鉴（图 10.2-2）。

图 10.2-2　西集集中隔离医学观察点、金盏集中隔离医学观察点实景图

（3）第三代应急建筑

第三代应急建筑主要适用于满足相对充裕的建设周期（如 90d 左右），以后续功能、可持续发展为主，同时兼顾防疫功能的建筑类型。具体建筑选型建议以装配式永久建筑为主，可选用 PC 装配式建筑及模块化钢结构装配式建筑等建筑类型。

PC 装配式建筑因其使用工厂预制混凝土构件，可现场安装，具备满足快速建造又兼顾平疫转换、耐久性好的优点，是下一代新型隔离点的优先选项。隔离点项目由于快速建造、规划限高等限制条件，多采用多层建筑形式。目前，针对多层建筑已有的相关 PC 装配式建筑产品，该类型建筑可以在应急项目中发挥装配式优势，实现快速设计、快速加工及现场快速建造，是未来的发展方向。

"模块化钢结构装配式建筑"同样具备快速建造及耐久性好的优点。其技术属性可实现建筑结构、外围护、设备管线及内装四个子系统之间的充分协同与集成，不仅可以将遵循模数协调与标准化设计作为底层逻辑，而且可以将"装配式"+"模块化"+"钢结构"三者融合为一体，是针对应急建筑快速装配特点及后续全生命周期需求具有制造业永久化、产品化属性的模块化钢结构建筑产品。模块化钢结构装配式建筑由于自重较轻，其集成化程度比 PC 装配式建筑更高，可以实现建筑装修一体化后整体吊装，目前已经有部分项目采用该方式进行建造，取得良好效果。深圳国际酒店是其典型代表，7 层部分 45d 即完成，整体采用模块化钢结构体系，在疫情期间作为深圳市的防疫隔离酒店，在疫情过后，将转化为深圳海洋大学学生宿舍永久使用。

2. 未来应急建筑的趋势思考：工业化、数字化及绿色化

近年来，国务院办公厅发布了《关于大力发展装配式建筑的指导意见》，住房和城乡建设部出台了《关于推动智能建造与建筑工业化协同发展的指导意见》《绿色建造技术导则（试行）》等文件，旨在解决传统生产方式资源能耗高、环境污染严重、人力劳动强度大、无法有效保障质量安全等问题，为我国建筑行业向现代生产方式转型做出了顶层设计。基于此，未来的应急项目可从三个方面展开趋势思考。

（1）工业化趋势

工业化趋势主要是以装配式为代表的建筑工业化，通过建筑设计标准化、部品生产工厂化、现场施工装配化、结构装修一体化、过程管理信息化等方式来改变传统生产方式，综合发挥设计、施工、装修、验收等各方面的优势，完成快速建造。

（2）数字化趋势

应急项目要运用好大数据、云计算、人工智能等新一代信息技术，实现应急项目智慧建造。

（3）绿色化趋势

"双碳"目标已成为国家战略，建筑业作为传统的高消耗、高排放行业，绿色低碳转型势在必行。对应急项目来说，绿色化转型既要做好建材生产、运输、施工、运营、维修、废弃物处理等环节的减碳降碳工作，也要积极研究和储备超低能耗建筑、健康建筑、既有建筑节能及绿色化改造、可再生能源建筑等绿色建筑产品建造技术，为未来应急建筑的快装快拆、平疫结合等摸索新的方向。

10.2.3　产品提升：箱式房、整体卫浴

箱式房与集成卫浴均为模数化设计、工厂化生产的标准化产品，具有批量化生产、模块化安装的特性，非常适合在应急工程中应用，可满足快速建造的根本要求。然而，这两类产品并非为应急项目而生，市场及产品本身成熟度不够，针对不同应急项目的不同使用需求，存在功能不足、品质不一的问题，需要针对各应急项目的不同需求，与厂家紧密配合，进行专项研究，做好技术储备，满足功能、品质提升需求。

1. 箱式房产品提升

要解决箱式房产品与应急项目的充分匹配，关键在于"一个融合 + 四个标准化"。首先是建筑设计与箱式房产品的融合，即建筑设计应充分考虑产品的特性和不足：一方面通过设计措施完善功能，另一方面应根据设计需求指导箱式房产品的改进与提升。从而促进箱式房产品的四个标准化，包括结构构件标准化、围护材料标准化、配电系统标准化、装修装饰标准化。标准化的产品又将助力建筑设计的完善和项目品质的提升，形成正向循环，推动应急项目更快更好。

2. 整体卫浴产品提升

从提高集成度，提升装配效率，保证使用功能三个方面，进行全方位的产品提升与优化；通过对模块单元的集成，减少了部件、底盘管线的数量，不仅提升装配效率，还降低了渗漏隐患，降低卫浴地面高度保证使用安全，增加置物手盆和挂件拓展使用功能，研发外墙面的集成装饰板，减少现场进行的二次装修。

以金盏项目所使用的产品型号为基础，进行初步优化研究，通过 BIM 模型模拟，制作实体样板，确认研究成果如表 10.2-1 及图 10.2-3 所示。

表10.2-1　整体卫浴部件优化表

序号	分项	优化前	优化后
1	地面抬高高度	240mm	180mm
2	支脚	金属螺栓支脚	PP 大支脚
3	排水管线接口数量	8 个	1 个
4	天花设备数量	3 个（排风扇、筒灯 ×2）	1 个（排风扇、照明二合一）
5	饰面效果	白色墙板	木纹墙板 + 白色墙板
6	门	6mm 无框钢化玻璃	铝合金边框压纹亚克力成品门
7	马桶	下排马桶	墙排马桶
8	台盆	立柱台盆，下排水	P 型一体化台盆，墙排水
9	主体部件	25 项	18 项

图10.2-3　成体卫浴优化成果样板